遥感技术在水质监测中的应用

杨国范　林茂森　田　英　著

黄河水利出版社
·郑州·

内 容 提 要

常规的检测手段不能满足对水质实时、大尺度的检测评价要求,因此可以利用遥感技术弥补常规检测手段的不足。本书从水质遥感的数据基础、水质遥感模型构建及比较、水质遥感的实际应用、土地利用类型对水库水质的影响案例等方面对水质遥感反演进行了总结。在不同季节采用波段组合、最小二乘向量机、BP 人工神经网络等模型对水库总氮、总磷、叶绿素 a 浓度进行定量遥感反演,遥感水质监测不是取代现有观测技术,只是在实际监测中做一新方法尝试。

本书适用于从事遥感应用的水利科技工作者。

图书在版编目(CIP)数据

遥感技术在水质监测中的应用/杨国范,林茂森,田英著. —郑州:黄河水利出版社,2022.9

ISBN 978-7-5509-3400-9

Ⅰ.①遥…　Ⅱ.①杨…　②林…　③田…　Ⅲ.①遥感技术-应用-水质监测-研究　Ⅳ.①X832

中国版本图书馆 CIP 数据核字(2022)第 174044 号

组稿编辑:岳晓娟　电话:0371-66020903　E-mail:2250150882@qq.com

出 版 社:黄河水利出版社　网址:www.yrcp.com

地址:河南省郑州市顺河路黄委会综合楼 14 层　邮政编码:450003

发行单位:黄河水利出版社

发行部电话:0371-66026940、66020550、66028024、66022620(传真)

E-mail:hhslcbs@126.com

承印单位:河南新华印刷集团有限公司

开本:850 mm×1 168 mm　1/32

印张:3.375

字数:100 千字

版次:2022 年 9 月第 1 版　印次:2022 年 9 月第 1 次印刷

定价:89.00 元

前　言

随着社会经济快速发展和人口不断增多,水资源需求越来越大,水污染防治的压力越发严峻。水质监测作为水质评价与水污染防治的主要依据,一直受到业内的重视。

水质监测有生物种类监测、水质监测站点自动监测、实验室分析和水质遥感监测。水质遥感的本质是通过遥感影像数据反演湖库水体的水色参数,这门新兴技术能大范围、周期性地对水质进行监测,具有传统水质监测方法所不可替代的优点,应用遥感技术还可以有效地监测表面水质参数空间和时间上的变化状况,发现一些常规方法难以揭示的污染源和污染物迁移特征。遥感技术监测面积广、成本低、动态性强的优点为实现集中水域现代化的水质监测提供了重要支撑,可在水质监测中发挥重要作用。

本书对 4 种主要水质遥感建模方式,即单波段模型、波段组合模型、最小二乘支持向量机模型和 BP 人工神经网络模型进行相关性分析,比较 4 种模型精度,分析各建模方式的优劣。通过最小二乘支持向量机、偏最小二乘回归模型,建立了叶绿素 a、悬浮物、透明度、高锰酸盐指数、总氮和总磷共 6 个参数的反演模型,并进行误差分析。在第 5 章介绍了通过构建神经网络模型的方法反演水体叶绿素 a 含量,针对水库枯水期及丰水期水体中叶绿素 a 浓度年际变化、季节变化、月变化、空间分布等方面展开分析研究,统计并总结案例水库水体叶绿素 a 浓度分布情况,有助于全面掌握其分布情况和变化规律。

本书由杨国范、林茂森、田英共同撰写,参与撰写和科研工作的还有高振东、徐伟、谢志钢、殷飞、王云霞、解启蒙、夏晓芸、王可、曲玉、杨舒婷等。经过辽宁省水文局立项研究,作者力求构建完整且精准的基于遥感技术和数学模型的水质监测体系,为水质监测提供新思路和新方法。遥感水质监测不是取代现有常规方法,只是探索一种新的监测手段,有望滴水成河、众木成林,从研究、备用逐步走向成为常规方法。

最后感谢辽宁省水文局、大伙房水库管理局、抚顺市水文局和沈阳农业大学水利学院数字水利研究室对本项目的大力支持!

作　者

2022 年 7 月

目　录

第1章 绪 论

水是生命诞生的基础,我国是一个缺水大国,人均占有量占世界水资源人均占有量的1/4左右。据相关统计显示:我国2.9亿多分布在农村的人口饮水有问题,其中饮用高砷水的多达200万人,饮用苦咸水的多达3 800万人,饮用高氟水的多达6 300万人,饮用有害物质含量超标水的多达1.9亿人。不健康的饮水严重威胁着人民的身体健康,危及生命。

近年来,随着我国社会、经济快速发展和人口的不断增多,水资源需求越来越大,大量未经处理的工业废水和生活污水直接排入江、河、湖、海,使水体受污染情况越来越严重,水质也变得越来越差,特别是内陆的水体,作为我国人民生产和生活中不可或缺的资源,对其水质演变情况的掌握更加重要。

由于我国绝大多数水库都建在大江大河上,基本都属于河道型水库,水库蓄水后较大程度地改变了原有河流生境条件,河流连续性遭到破坏,原河流生态系统演变为水库生态系统。由于水库水位周期性年调节、水位年变幅大,加之水库纵向生境条件差异显著,致使水库生境时空异质性高,库尾段常在湖泊与河流特性之间转变,水库干流与支流回水区之间生境特性也差异明显,因此其生态系统具有独特性。不少河道型水库在从河流生态系统向水库生态系统演变时,出现了水华等生态环境问题,这对水库的健康运行和管理带来了巨大的挑战。

辽宁省内水库水体富营养化现象时有发生,水库水华现象显著。许多水库周边及上游仍然存在大量的工业、农业和生活污染源,包括排污企业、农田施用的肥料和农药、畜禽养殖粪便、农村生活污水及风景区、疗养院等,加重了流域内非点源污染,对水库水质安全造成潜在的污染威胁。而且,随着地方经济的发展,水库保护区内非法采砂、采矿行为趋于严重,水库库区山林植被受到了不同程度的破坏,这些行为都使水库淤积量有增加的趋势,水土流失严重,植被恢复难度极大。

城镇化的快速蔓延,水土流失、土壤侵蚀加剧,农药、化肥过量施用等因素都使得水环境污染成为我国需要去解决的重要环境问题。因此,水质监测是水质评价与水污染防治的主要依据,也成为社会经济可持续发展必须解决的重大问题。

大力发展水质监测,建设全面的水环境监测网络,能够使决策层客观、准确、全面地了解我国水环境的整体状况,为其统筹规划国家的生态文明建设打好坚实的基础。2015 年 4 月,中共中央、国务院出台《关于加快推进生态文明建设的意见》,明确提出要"利用卫星遥感等技术手段,对自然资源和生态环境保护状况开展全天候监测,健全覆盖所有资源环境要素的监测网络体系"。国务院办公厅 7 月 26 日印发《生态环境监测网络建设方案》,该方案多方面涉及了环境遥感监测的内容。

传统的水质自动化监测仪器虽能较为准确地观测水源地水质状态,但对污染发生时,污染物分布、扩散趋势及速率的准确判别有较大的局限。遥感技术正好弥补了这些缺陷,由于其具有监测面积大、宏观性强、周期性好、速度快、成本低和便于进行长期动态监测等优点,可以有效地解决常规水质监测中点数据意义的局限性,有效地监测表面水质参数空间和时间上的变化状况,发现一些常规方法难以揭示的污染源和污染物迁移特征,可在水质监测中发挥其重要作用。

目前,常用的内陆水体水质遥感监测是基于经验、统计分析或水质参数光谱特征选择遥感波段数据与地面实测水质参数数据进行统计分析,建立水质参数反演算法实现的。

1.1 水质分类及影响

根据国家规定的各种用水在物理性质、化学性质和生物性质方面的要求和供水目的的不同,存在着饮用水水质标准、农用灌溉水水质标准等。各种工业生产对水质要求的标准也各不相同。农田灌溉用水的水质一般需考虑pH、含盐量、盐分组成、钠离子与其他阴离子的相对比例、硼和其他有益或有毒元素的浓度等指标。按照《地表水环境质量标准》(GB 3838—2002),依据地表水水域环境功能和保护目标,我国水质按功能高低依次分为五类,见表1-1。

表1-1 水质分类

水质类别	Ⅰ类	Ⅱ类	Ⅲ类	Ⅳ类	Ⅴ类
适用场地	适用于源头水、国家自然保护区	适用于集中式生活饮用水地表水源地一级保护区、珍稀水生生物栖息地、鱼虾类产卵场、仔稚幼鱼的索饵场等	适用于集中式生活饮用水地表水源地二级保护区、鱼虾类越冬场、洄游通道、水产养殖区等渔业水域及游泳区	适用于一般工业用水区及人体非直接接触的娱乐用水区	适用于农业用水区及一般景观要求水域

续表 1-1

水质类别	Ⅰ类	Ⅱ类	Ⅲ类	Ⅳ类	Ⅴ类
水质状况	水质良好，地下水只需消毒处理，地表水经简易净化处理（如过滤）、消毒后即可供饮用	水质受轻度污染，经常规净化处理（如絮凝、沉淀、过滤、消毒等）后，可供饮用	水质经过处理后也能供饮用	水质恶劣，不能作为饮用水源	水质恶劣，不能作为饮用水源

1.2 辽宁水体水质基本状况

2015 年度辽宁省环境状况公报显示，在全省监测的 16 座水库中，水库水质总体保持良好。其中，有 15 座水库达到功能区使用标准，14 座水库为Ⅱ类水质，葠窝水库为Ⅲ类水质，闹德海水库为Ⅲ类水质，在闹德海水库生化需氧量和 COD_{Mn} 均超标 10%，水库水体富营养化现象时有发生。2015 年辽阳市水文局对葠窝水库进行监测时，发现大坝前码头处的水体呈现绿色，而且覆盖了一层膜状物，这些现象是"水华"所表现出的显著特征；2016 年阜新市水文局对闹德海水库进行常规监测时，发现水库坝前水体颜色为绿色，水体颜色和以往对比，发生明显变化，疑似发生"水华"现象；2016 年锦州市水文局通过现场查看锦凌水库时发现，水体表面有漂浮绿色苔藓状物质，坝前水体颜色为浅绿色带棕色，疑似发生"水华"现象。据水利部统计，在辽河和海河两大流域当中，均有一半以上河长的河水处于劣Ⅴ类。而清河水库正是一座坐落在辽河之上的大Ⅱ型水库，因此高效、准确、连续、快速地对清河水库水质情况进行监测是非常重要的。

辽宁省环保厅 2016 年度重点监测的 16 座水库中，其中 15 座水库符合规定的功能区标准，柴河、清河等 14 座水库达到国家Ⅱ类标准，葠窝水库和闹德海水库达到国家Ⅲ类标准。就总氮单独评价而言，观音阁水库水质处于国家Ⅳ类标准，清河水库则处于国家Ⅴ类标准，包括碧流河水库等在内的 6 座水库水质属于劣Ⅴ类。随着辽宁省对水环境的重视，省政府印发了《辽宁省水污染防治工作实施方案》，开展了一系列工程（如“碧水工程”），从而有效地促进了省内河流、水库等地表水资源水量的保护和水质的达标，对全省水环境质量的日益改善起到了决定性的作用。

2017 年发布的辽宁省环境状况公报显示，全省重点监测的 15 座水库营养状态总体保持良好，但均处于湖库营养状态评价对应的中营养级别。

1.3　水体富营养化表征

水体的富营养化是指水中的磷、氮等营养盐成分含量剧烈增加，给藻类及其他水生生物的大量繁衍提供了温床，导致水体透明度下降、溶解氧含量降低、生态系统原有的循环崩溃，最终导致水质的恶化，严重时会产生水华。

水体富营养化监测的常规方法是对水体的水温、pH、BOD、SD、COD、TP、TN 及叶绿素 a（Chlorophyll a）浓度等指标进行周期性定点采样分析。其中，叶绿素作为一个广泛使用的评价藻类生物量和湖库富营养化状况的环境指标，占据了极为重要的位置和权重。作为浮游生物中最主要的色素，叶绿素 a 占比稳定，其浓度能够间接地表征藻类植物和浮游生物的种类及数量。然而，在实际对叶绿素 a 含量的监测中，常常由于监测点位有限、代表性不足、所耗费的人力物力较为庞大、实时性不足等,并不是最理想的水质监测手段。20世纪遥感技术的出现使人们看到了新的可能,利用各种卫星影像数据,通过卫星多光谱数据波段或波段组合与实测值建立反演模型,可对各种水质参数的浓度信息进行反演。由于其具有的监测范围广、时间分辨率高、成本低、速度快等优势使利用遥感手段进行水质情况监测成为国内外学者研究的热点。

1.4 水质监测技术

水质监测是通过了解水体污染物的种类和数量进而对水质做出合理、正确评价的先决条件。目前,我国所使用的主要监测技术有:

(1)生物种类监测技术。主要是通过不同物种生物对水体环境的承受能力不同,从生物学的角度来评价水体水质情况,其工作环境导致实施程序复杂,数据分析不充分,研究程度还需加深。

(2)水质监测站点自动监测技术。其工作程序是将水样采集、预处理、检测分析、数据传输与存储功能集为一体,自动监测系统的建设及日常维护费用较高,且技术手段不成熟,只能起参考作用。

(3)实验室分析技术。主要就是对监测的目标水体进行人工实地调查、采集水样,再回到实验室依靠化学药品分析及利用精确的仪器进行分析检测,该技术虽然能对绝大多数水质指标做出精确的评价,但由于监测地所在的条件及测量方面有可能存在很大的不便,如果一一进行实地监测,需要耗费大量的人力、物力、财力,且在空间全局性、时效性等方面受气候、水文条件等限制,也存在一定的局限性,而对于整个水体而言,这些采样点数据并不具有广泛的代表意义。

(4)水质遥感监测技术。自20世纪70年代开始,在对内陆水体的研究中,遥感监测技术被不断应用其中,不仅仅是对水域进行识别,也逐步开始对水质参数进行监测,其原理是根据水体所含不同水质参数的光谱反射特征,寻找不同水质参数的敏感波段,分析其与地面水质参数实测值之间的相关关系,建立遥感反演监测模型进而反演出水质参数的浓度,这一技术具有速度快、效率高、数据同步性好、观测范围大、监测成本低等优势,很好地弥补了常规水质监测的缺陷,如今已成为水质监测的重要手段之一。

第2章 水质遥感的数据基础

2.1 数据来源及获取

2.1.1 实测水质数据的获取

为减少数据的计算量,研究需要将水域部分单独提取出来。水体提取的方法主要有矢量图分割、手工绘制、阈值分割等。

2.1.1.1 采样点的设置

采样点的设置依据:《水质 湖泊和水库采样技术指导》(GB/T 14581—1993)、《地表水环境质量标准》(GB 3838—2002)。

2.1.1.2 水质参数数据的获取

水质参数的测定主要包括采样现场直接测定和后期实验室理化分析测定。

本次研究的现场数据主要有水体透明度、采样点的经纬度。

实验室数据主要为采样后经冷藏保存送到理化实验室分析的数据,如高锰酸盐指数、悬浮物、总磷、总氮、叶绿素 a。根据所测定指标的要求,需要采样器采集水面以下 50 cm 处的水样并分装在 40 个 500 mL 棕色玻璃瓶和 20 个 500 mL 白色塑料瓶,同时在棕色瓶中加入 H_2SO_4,使其 pH 小于 2 保存,将所采集水样于当天下午送往辽宁省水环境检测中心铁岭分中心进行测定。为了数据的准确性,以《地表水环境质量标准》(GB 3838—2002)中规定的测试标准,测定方法为水质参数的实验室测定方法,见表 2-1。

表 2-1　水质参数的实验室测定方法

水质指标	测试方法	测试标准
透明度	塞氏盘法	SL 87—1994
高锰酸盐指数	氧化还原法	GB 11892—1989
总氮	碱性过硫酸钾消解紫外分光光度法	HJ 636—2012
总磷	钼酸铵分光光度法	GB 11893—1989
叶绿素 a	丙酮分光光度法	SL 88—2012
悬浮物	重量分析法	GB 11901—1989

2.1.1.3　方法简介

1. 塞氏盘法

根据《水和废水监测分析方法》中的要求，将塞氏盘在船的背光处平放入水中，逐渐下沉，至恰好不能看见盘面的白色时，记下塞氏盘深度就是透明度的测量值，以 cm 为单位，测量时反复两三次。

2. 氧化还原法

氧化还原法是用氧化剂或还原剂去除水中有害物质的方法。例如，用氯、臭氧或二氧化氯氧化有机物（包括酚）；用空气或氯将低价铁、锰氧化为高价铁、锰，使其从水中析出。

3. 碱性过硫酸钾消解紫外分光光度法

此方法适用于地面水、地下水含亚硝酸盐氮、硝酸盐氮无机铵盐、溶解态氨及在消解条件下碱性溶液中可水解的有机氮的总和。水体总氮含量是衡量水质的重要指标之一。

4. 钼酸铵分光光度法

在中性条件下用过硫酸钾（或硝酸-高氯酸）使试样消解，将所含磷全部氧化为正磷酸盐。在酸性介质中,正磷酸盐与钼酸铵反应,在锑盐存在下生成磷钼杂多酸后,立即被抗坏血酸还原,生成蓝色的络合物。

5. 重量分析法

重量分析法是通过称量物质的质量来确定被测物质组分含量的一种分析方法。分析时,一般是先采用适当方法将被测组分从试样中分离出来,转化为一定的称量形式并称重,由所称得的质量计算被测组分的含量。

2.1.2　总氮含量的测定

总氮的测量原理为在 60 ℃以上水溶液中,过硫酸钾可分解产生硫酸氢钾和原子态氧,硫酸氢钾在溶液中离解而产生氢离子,故在氢氧化钠的碱性介质中可促使分解过程趋于完全。

测定总氮含量的具体步骤为:首先用无分度吸管取 10.00 mL 试样置于比色管中,当试样处于没有悬浮物的时候,加入 5 mL 碱性过硫酸钾溶液,塞紧磨口塞,将比色管置于医用手提蒸汽灭菌器中,加热至温度达到 120~124 ℃时开始计时,保持温度半小时。然后进行冷却、开阀放气,移去外盖,取出比色管并冷却至室温。移取部分溶液至 10 mm 石英比色皿中,在紫色分光光度测定吸光度并计算校正吸光度 A。在移至石英比色皿中之前,必须保证液体澄清。

测定总氮含量后,计算得试样校正吸光度 A,在校准曲线上查出相应的总氮数,单位以 μg 计。则总氮的含量 C_N(mg/L)按下式计算:

$$C_N = \frac{m}{V} \tag{2-1}$$

式中:m 为试样测出含氮量,μg;V 为测定用试样体积,mL。

2.1.3　总磷含量的测定

总磷含量的测定原理为:在中性条件下用过硫酸钾(或硝酸-高氯酸)使试样消解,将所含磷全部氧化为正磷酸盐。在酸性介质中,正磷酸盐与钼酸铵反应,在锑盐存在下生成磷钼杂多酸后,立即被抗坏血酸还原,生成蓝色的络合物。

总磷含量以 C(mg/L)表示,按下式计算:

$$C = \frac{m}{V} \tag{2-2}$$

式中:m 为试样测出含磷量,μg;V 为测定用试样体积,mL。

2.1.4　水体高光谱数据的获取

野外光谱的现场实测方法由于可以产生与卫星遥感数据相一致的观测几何和下垫面数据,反映出实际环境下的水体光谱特征,是干扰因素最小的近地面测量数据,可以为水质遥感监测模型的建立提供光学依据。

因此,选择具有代表性的年夏季、年秋季、年春季进行同步光谱试验。本次水体的现场测量采用了美国 SVC 公司生产的 SVCHR-1024 便携式地物光谱辐射计。该光谱仪具有 1 024 个波段,波段范围为 350~2 500 nm,探头视角分 4°标准和 14°标准可选两种,能够较好地表征水体的光学特性。测量的时间选择在与卫星过境同步或者准同步、天气晴朗且风速较小的时候,同时为避免测量噪声的影响,每个样本需重复测量 10 次以上取平均值作为最终采样点测量的光谱曲线。测量方法采用水面上测量方法,光谱仪水面上测量方法如图 2-1 所示。

具体测量时,在现场采样船上一般采用背向太阳的位置,将地物光谱仪的测试平面与太阳光的入射面大约形成 $\varphi = 135°$ 的角度,光谱仪与水体表面法线大约形成 $\theta = 40°$ 的夹角进行观测,此方

图 2-1　光谱仪水面上测量方法

法可以很好地避免太阳的直射反射,所以此次野外光谱仪的采样采用这种方法。水体遥感反射率的观测几何见图 2-2。

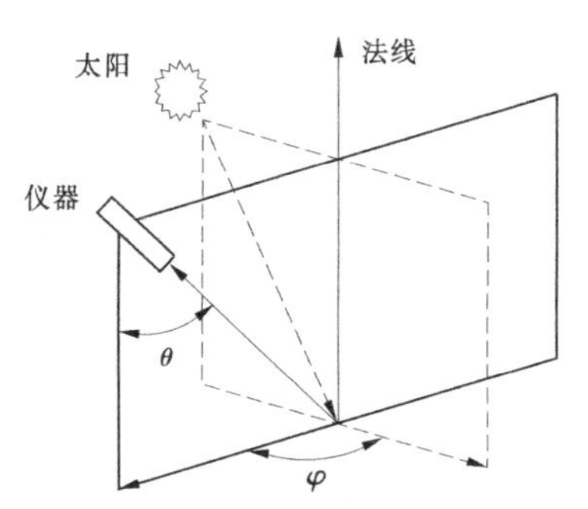

图 2-2　水体遥感反射率的观测几何

通过实测的光谱数据提取遥感反射率的方法主要有以下 3 步。

(1)离水辐亮度 L_w 的计算。

离水辐亮度 L_w 可由下式得出:

$$L_w = L_{sw} - rL_{sky} \tag{2-3}$$

式中:L_{sw} 为水体总辐亮度;r 为反射系数,对于平静水面、5 m/s 风速、10 m/s 风速时分别取值为 0.022、0.025、0.026~0.028;L_{sky} 为

天空漫散射辐亮度;L_w 为离水辐亮度。

(2)水面总入射辐照度 $E_d(0^+)$。

水面总入射辐照度 $E_d(0^+)$通过在现场测定仪器自带的标准灰板得到反射率:

$$E_d(0^+) = L_p \cdot \pi/\rho_p \tag{2-4}$$

式中:L_p 为标准灰板的辐亮度;ρ_p 为标准灰板的反射率。

(3)实测光谱数据的反射率 R_{rs} 的计算公式如下:

$$R_{rs} = L_w/E_d(0^+) \tag{2-5}$$

2.1.5　实测水质参数的处理与分析

对通过实验室理化分析测定的叶绿素 a 等水质参数,必须剔除不符合实际的异常值。常常采用格拉布斯(GRUBBS)数学统计方法来检验,具体的检验步骤一般有以下 4 步:

$$G_n = \frac{|X_i - \overline{X}|}{S} \tag{2-6}$$

式中:G_n 为格拉布斯的上统计量;X_i 为水质参数的实测值;$\overline{X}$ 为水质参数的均值;S 为标准差。

(1)根据《数据的统计处理和解释正态样本离群值的判断与处理》(GB/T 4883—2008)查找对应的 n、a 的格拉布斯检验临界值 $G_{1-a}(n)$。

(2)当 $G_n>G_{1-a}(n)$时,则确定 X_i 为离群值,否则表明没有任何数据需要剔除,首先假定最大值、最小值为需要剔除值。

(3)经过确定为离群值,根据相关规范给出剔除水平 a' 的 $G_{1-a'}(n)$,当 $G_n>G_{1-a'}(n)$时,X_i 为经过统计分析得出的离群值,所以应该舍掉不用。

(4)如果发现水质参数数据中有最大值或最小值,证明数据异常,同时将其去掉;对数据中的次最大值或次最小值进行检查,检查所有的最小值及最大值，直到全为非离群值，检查过程结束。

根据以上步骤，分析 20 个采样点的悬浮物、透明度、总氮等 6 项水质参数，根据 $a=0.05$，$a'=0.01$，$G_{1-a}(n)=2.557$，$G_{1-a'}(n)=2.884$，经检验各月数据均不存在异常值。以 2015 年 6 月的水质指标格拉布斯检验为例。

实验室内测定的参数主要有叶绿素 a、悬浮物、总氮、总磷、高锰酸盐指数。按照《地表水环境质量标准》(GB 3838—2002) 中各水质参数标准限值的要求，因叶绿素 a、透明度、悬浮物未在质量标准中规定，其他参数限值规定参考《地表水环境质量标准》(GB 3838—2002) 基本项目标准限值，见表 2-2。

表 2-2　《地表水环境质量标准》基本项目标准限值

单位：mg/L

序号	项目/分类	Ⅰ	Ⅱ	Ⅲ	Ⅳ	Ⅴ
1	高锰酸盐指数，≤	2	4	6	10	15
2	总氮，≤	0.2	0.5	1.0	1.5	2.0
3	总磷，≤	0.01	0.025	0.05	0.1	0.2

2.1.6　水体高光谱数据的处理与分析

为了使不同时间和不同地点条件下测量的水体光谱曲线具有可比性，常用的方法即对实地光谱测量数据进行归一化处理。对每条反射光谱曲线在可见光波段(420~750 nm)反射率计算平均值，然后将各采样点各个波段的原始反射率除以相对应的平均值，得到归一化数据，公式见式(2-7)。

$$R_N(\lambda_i)=\frac{R(\lambda_i)}{\frac{1}{n}\sum_{i=420}^{n=750}R(\lambda_i)} \tag{2-7}$$

2.2 遥感影像数据获取及预处理

2.2.1 遥感影像数据获取

随着航空技术的发展，可以用于遥感水质环境监测的数据源种类越来越多，常用的遥感数据源见表 2-3，进行水质环境监测所选用的数据源应该满足时效性高、精度强的要求。

表 2-3　常用遥感水质环境监测的遥感数据源

传感器	卫星	空间分辨率	数据时间	重访周期
AVHRR	NOAA	1 km	1989 年至今	1 d
AVHRR	NOAA	8 km	1982~2006 年	1 d
MODIS	Terra	250 m,500 m,1 km	2000 年至今	1~2 d
MODIS	Aqua	250 m,500 m,1 km	2002 年至今	1~2 d
TM	Landsat5	30 m	1982~2011 年	16 d
ETM+	Landsat7	15 m,30 m,60 m	1999 年至今	16 d
OLI/TIRS	Landsat8	15 m,30 m	2013 年至今	16 d
CCD/HSI/IRS	HJ-1A/ HJ-1B	30 m,100 m, 150 m,300 m	2008 年至今	2 d

目前,应用较为广泛的遥感数据源有改进型甚高分辨率辐射仪 AVHRR;多光谱扫描仪(TM)、热红外传感器(TIRS)、增强型专题制图仪(ETM+)和陆地成像仪(OLI)等陆地卫星(Landsat)系列;中分辨率成像光谱仪(MODIS)和中国环境减灾卫星 HJ-1A/HJ-1B 卫星搭载的宽覆盖多光谱 CCD 相机、超光谱成像仪(HSI)和红外相机(IRS)等,这些数据源为水质环境监测提供了较好的数据支持。

可选取环境卫星数据作为基础研究数据,以 HJ-1A/HJ-1B 卫星、HJ-1C 卫星、Landsat8 卫星为例。

(1)HJ-1A/HJ-1B 卫星、HJ-1C 卫星。

我国 2008 年 9 月 6 日发射的 HJ-1A/HJ-1B 卫星及 2012 年 11 月 19 日成功发射 HJ-1C 卫星,由于其高时间分辨率 4 d,空间分辨率 30 m 及幅宽 700 km 的优点,给解决遥感数据存在的问题带来了新的希望。

由 HJ 系列卫星主要载荷参数(见表 2-4)可知,HJ-1A/HJ-1B 卫星的 CCD 相机具有 4 个谱段号,与 Landsat1 ~ Landsat3 数据 16 d 的重访周期相比,4 d 的重访时间对于获取研究所需要的数据可能性大大增加,也为辽宁省大面积及水域水质实施动态水质监测提供了数据支撑。

综上所述,环境一号卫星数据是对辽宁省大面积及水域水质不同季节进行水质遥感监测最理想的遥感数据。鉴于水质容易变化的特点,为了从数据源上保证定量遥感反演数据的准确性,所需的环境卫星 CCD 数据必须与实际水样的采集保持时间和空间上的同步或者保持准同步。据此,选择与年度水库实地采样时间最为接近的遥感影像数据,均在水样的采集期间或前后一两天。

选择数据代表性强,能够实现对辽宁省大面积及水域水质春季、夏季、秋季水质的全面掌握。通过对下载影像数据的分析,除 8 月的影像云量较大外,其余云量均低于 10%,但是通过辽宁省大面积及水域水质、水域面积的裁剪后，发现所有影像的辽宁省大面积及水域水质、水体云量覆盖较少，均能用于辽宁省大面积及水域水质参数的反演。

表 2-4　HJ 系列卫星主要载荷参数

平台	有效载荷	谱段号	光谱范围/μm	空间分辨率/m	幅宽/km	侧摆能力	重访时间/d
HJ-1A 卫星	CCD 相机	1	0.43~0.52	30	360(单台) 700(两台)	—	4
		2	0.52~0.60	30			
		3	0.63~0.69	30			
		4	0.76~0.9	30			
	高光谱成像仪	—	0.45~0.95	100	50	±30°	4
HJ-1B 卫星	CCD 相机	1	0.43~0.52	30	360(单台) 700(两台)	—	4
		2	0.52~0.60	30			
		3	0.63~0.69	30			
		4	0.76~0.9	30			
	红外多光谱相机	5	0.75~1.10	150	720	—	4
		6	1.55~1.75				
		7	3.5~3.9				
		8	10~12.5	300			
HJ-1C 卫星	合成孔径雷达(SAR)	—	—	5(单视) 20(4 视)	40(条带) 100(扫描)	—	4

(2)Landsat8 卫星。

Landsat8 卫星于 2013 年 2 月 11 日发射成功,该卫星是由美国宇航局(NASA)和美国地质调查局(USGS)共同研发运行。Landsat8 卫星在 3 月 18 日成功获得第一幅影像,这意味着为全球生态环境提供观测数据再一次开始。Landsat8 卫星搭载了陆地成像仪和热红外传感器。

Landsat8 卫星为森林、资源、环境、水和城市规划等方面提供可靠的依据。它的主要特征包括以下 3 个方面:

①波段设置。Landsat8 卫星除拥有 Landsat7 的所有波段范围外,新增了一个深蓝波段,监测水质和大气中的气溶胶;一个卷云波段,用来对卷云进行检测;同时并将原热红外波段划分为 2 个;收窄了原近红外波段和原全色波段的光谱范围,目的是去除 0.82 μm 的水汽吸收影响。

②传感器数量。Landsat8 卫星改变了原来将热红外都集中于 EM+传感器上的现象,增加了一个 TIRS 热红外传感器。

③辐射分辨率。Landsat8 卫星的 OLI 传感器采用的是推进扫描的方式,使其比 Landsat 系列其他的卫星拥有更高的信噪比。有相关研究论证,Landsat8 卫星的信噪比比 Landsat7 卫星的各波段平均高出 3 倍左右,这使得 Landsat8 卫星的辐射分辨率由 Landsat7 卫星的 8 bit 提高到 12 bit。

OLI 传感器共有 9 个波段,被动地感应地表散发的热辐射及所反射的太阳辐射,它的波长范围从可见光到红外谱段。TIRS 则是非常先进、性能非常好的热红外传感器,它可以用来收集地球热量流失状况,从而用来了解水分消耗情况。本次研究主要应用的是 Landsat8 卫星的 OLI 数据。OLI 数据的优点在于,它相比 MODIS 数据拥有更高的空间分辨率,相比于 SPOT、THOES 等数据拥有更高的时间分辨率,并且它比 GeoEye、QuickBird 等数据拥有更宽的观察幅宽，因此OLI数据在对水质遥感监测方面具有较大的优势，故本次研究选择Landsat8卫星的OLI数据为遥感数据。

Landsat8卫星各荷载主要参数见表2-5。

表2-5　Landsat8卫星各荷载主要参数

荷载名称	波段名称	波段/μm	幅宽/km	空间分辨率/m	辐射分辨率/bit
OLI陆地成像仪	深蓝	0.433~0.453	185	30	12
	蓝	0.450~0.515	185	30	12
	绿	0.525~0.600	185	30	12
	红	0.630~0.680	185	30	12
	近红外	0.845~0.885	185	30	12
	短波红外1	1.560~1.660	185	30	12
	短波红外2	2.100~2.300	185	30	12
	全色	0.500~0.680	185	15	12
	卷云	1.360~1.390	185	30	12
TIRS热红外传感器	热红外1	10.60~11.19	185	100	12
	热红外2	11.50~12.51	185	100	12

遥感数据的采集时间应与实测数据的采集时间相同或相近。Landsat8卫星的过境时间为16 d，因为协调实测数据与遥感数据，在美国地质调查局网站上分别下载了2015年6月23日、7月9日、8月10日、9月27日、10月13日的影像数据。采样时间跨过

了夏和秋两个季节,影像之间的时间间隔应该尽可能长一些,这样便可以为水质参数模型的建立提供更可靠的数据,从而能够更准确地反演总氮、总磷的含量。

2.2.2 卫星数据的预处理

由于从中国资源卫星网站上下载的影像为level1级产品,因此预处理是获取实际反射率的必备工作。预处理主要包括以下3个环节。

2.2.2.1 辐射定标

辐射定标即建立传感器灰度值(DN)与辐亮度(L)之间的数值模型,此数据在下载使用前只进行了辐射校正,并未进行辐射定标,因此需要对下载影像进行辐射定标。DN值是遥感影像像元亮度值,记录地物的灰度值,无单位,是一个整数值,值大小与传感器的辐射分辨率、地物发射率、大气透过率和散射率等相关,反映地物的辐射率,辐射定标就是将记录的原始DN值转换为大气外层表面反射率(或称为辐射亮度值),进行辐射定标的目的是消除传感器本身的误差,确定传感器入口处的准确辐射值。一般采用式(2-8)将灰度值转换为反演参数需要的辐亮度值。

$$L = \mathrm{DN}/g + L_0 \tag{2-8}$$

式中:L为辐亮度;g为绝对定标系数增益;L_0为偏移量。转换后辐亮度单位为W/(m^2 · sr · μm),定标系数直接从影像图文件夹中所包含的元数据文件中调取。

2.2.2.2 几何校正

遥感影像由于受到系统性因素和非系统性因素的影响而变形,因此对于获取的遥感影像必须要进行几何校正,才能满足反演的要求。其中,系统性变形一般是在制造生产遥感传感器过程中产生的,因此这种变形具有规律性,常常通过传感器模型在卫星接收站对图像进行几何校正工作;而影响非系统性变形的因素比较多,如传感器平台工作的高度、产生影像数据时的姿态、地球曲率以及地势起伏、空气折射等许多不确定因素的影响。因此,非系统性变形是需要主要校正的变形,一般通过产生变形的遥感影像与标准影像之间对应控制点(GCP)的相对位置关系来求解几何畸变的数学模型,从而实现对变形遥感图像的几何校正。本书以已经进行过配准的 Landsat8 卫星数据(投影为 UTM,椭球体为 WGS-84)为基准影像,利用图像处理软件 ENVI 通过选取 30 个地面控制点对 HJ 卫星多光谱影像基于二次多项式畸变模型进行几何精纠正,采取双线性内插法对图像进行重采样,实现对有用光谱信息的保留,误差精度满足 0.3 个像元的要求。

2.2.2.3　大气校正

卫星在获取相应信息的时候可能会受到云粒子、大气分子及气溶胶等因素的影响,大气校正是为了消除大气散射和大气吸收而引起的衰减对地物反射产生的不利影响,同时为了消除地形衰减引起的辐射误差。在水质参数的遥感反演中,传感器与水体的几何关系因地区不同而不同,由此产生的大气辐射路径不同,只有将不同时间不同区域获取的图像进行大气校正,才能从遥感影像中获取水质参数所要求的真实、有用信息。所以,针对内陆地区的水体定量遥感,大气校正是有效的和必要的预处理过程,对于反演精度的提高起着决定性的作用。大气校正的方法一般有 4 种:基于大气辐射传输模型法、基于图像特征的相对矫正法、复合模型法及基于地面线性回归模型法。

2.3　水体提取

水体提取同样是水质反演最重要的一步,对于参与运算的数据量和反演精度都起着非常重要的作用。由于水体在红外波段和近红外波段的吸收率高而反射率低,从而表现出与周围树木、道路、森林等地物明显不同的光谱特征,基于地物之间光谱特征的差别,通过多波段谱间关系法、植被指数法等相结合的方法利用遥感图像决策树分析可以进行水体提取。

第 3 章　水质遥感模型构建及比较

3.1　单波段模型

单波段模型即建立单波段影像上的遥感反射率与各水质指标浓度之间的相关关系模型。

通过对某水域水质中总磷、总氮的单波段研究举例说明：通过叶绿素 a 和悬浮物的研究分析，不同季节建立的模型通用性较差，因此同样将采样数据分为秋季、春季、夏季不同的阶段进行相关性分析与建模。以 2015 年 6 月、7 月、8 月三个月的数据为例进行相关性分析，通过对夏季 60 组数据的相关性分析，结果表明：总氮与 B4 波段（近红外波段）相关性较高，与王云霞（2017）清河水库基于 Landsat8 卫星 B5 波段（近红外波段）的研究结果吻合，而与其他波段没有显著相关性；总磷与卫星数据各波段均没有显著相关性。因此，只对总氮的相关性进行列举，见表 3-1。

表 3-1　夏季总氮与各波段的相关分析

名称	夏季总氮	波段			
		xb1	xb2	xb3	xb4
Pearson 相关性	1	0.038	−0.032	−0.099	−0.319*
显著性（双侧）		0.771	0.808	0.453	0.013
N	60	60	60	60	60

注： * 在 0.05 水平（双侧）上显著相关。

同理,分别对 2015 年秋季 9 月、10 月,2016 年春季 4 月、5 月的 40 组数据进行相关性分析,分析结果如表 3-2 所示。

表 3-2　春季总氮、总磷与各波段的相关分析

名称	春季总氮	波段			
		cb1	cb2	cb3	cb4
Pearson 相关性	1	0.841**	0.858**	0.861**	0.851*
显著性(双侧)		0	0	0	0
N	40	40	40	40	40
名称	春季总磷	波段			
		cb1	cb2	cb3	cb4
Pearson 相关性	1	0.411**	0.390**	0.406**	0.426**
显著性(双侧)		0.008	0.013	0.009	0.006
N	40	40	40	40	40

注: ** 在 0.01 水平(双侧)上显著相关; * 在 0.05 水平(双侧)上显著相关。

表 3-2 的结果表明,春季:总氮与各波段相关性均较强,相关系数最大为 0.861 对应 B3 红色波段;与总磷相关性最高的波段为 B4 近红外波段,其相关系数为 0.426;秋季:总氮与各波段没有显著的相关性,与总磷相关性较高的波段分别为 B1、B2,其相关性分别为 0.326、0.349($p=0.05$),但相关系性也较低。这主要是由于氮、磷不具有显著的光学特征,光谱信息被水体叶绿素 a、悬浮物的浓度等信息所掩盖,总氮、总磷的单波段模型的建立还有待于其他算法的挖掘。

3.2　波段组合模型

波段组合模型则为对单波段影像进行波段组合后,建立相应图像位置上的数值与水质指标浓度之间的相关关系模型,组合方式主要有差值模型、比值模型及一些水体指数模型。

通过对某水域水质中总磷、总氮的波段组合研究举例说明:秋季用于建模的仅有总磷对应的 B2(R=0.349)绿色波段,相关性非常差,不能建立有效的反演模型;春季数据的相关性相对于夏季和秋季数据较好。以上针对叶绿素 a 和悬浮物的研究表明,波段运算提高了叶绿素 a 和悬浮物与水质参数的相关性。因此,同样采用叶绿素 a 分析的 85 种不同波段组合进行相关性的分析。

3.2.1　夏季波段组合相关性分析

通过春、夏、秋 3 个季节单波段的相关性分析,其中夏季用于建模的仅有总氮对应的 B4(R=-0.319)近红外波段,而总磷与单波段不具有显著性。波段组合的相关系数如表 3-3 所示。

表 3-3　夏季总氮、总磷与波段组合的相关关系

总氮波段组合	相关系数	总磷波段组合	相关系数
B4-B1	-0.666	B4-B3	-0.618
B4-B3	-0.679	(B4-B3)/lnB2	-0.614
(B4-B3)/lnB2	-0.634	(B4-B3)/lnB1	0.600
(B4-B3)/lnB1	-0.644		

表 3-3 表明:波段组合后,夏季与总氮相关性达到 0.5 以上,较高的组合分别为 B4-B1、B4-B3、(B4-B3)/lnB2、(B4-B3)/lnB1,其中 B4-B3 的相关性最高为-0.679,所有波段组合均包含

了夏季单波段的敏感波段 B4，较其单波段的最大相关性(-0.319)有极大的提高，波段敏感性明显增加；对于总磷而言，总磷浓度与环境卫星单波段均不显著相关，但是经过波段组合后在0.01水平上表现出显著的相关性，相关系数达0.6以上，且所有的组合均包含有B4-B3敏感波段，与总氮的敏感波段相同。

3.2.2 秋季、春季波段组合相关性分析

同理分析清河水库秋季9月、10月及春季4月、5月的总氮、总磷与波段组合的相关性，具体结果见表3-4。

表3-4 总氮、总磷与春季、秋季波段组合的相关关系

春季总氮波段组合	相关系数	春季总磷波段组合	相关系数	秋季总磷波段组合	相关系数
B2 * B3	0.888	B4-B1	0.427	B2+B3	0.414
B4 * B3	0.883	(B3 * B4)/B2	0.428	B2 * B3	0.428
(B3 * B4)/ln(B1+B2)	0.880	B4/lnB2	0.429	(B2 * B3)/lnB1	0.420
(B2 * B3)/lnB1	0.886			ln(B2 * B3)	0.405
(B3 * B4)/lnB1	0.881			ln(B2+B3)	0.415

由表3-4可以得知，秋季：对于总氮，即使通过波段运算也未表现出相关性，因此未在表3-4中列出；对于总磷，通过波段组合其相关系数较单波段相关性(0.326、0.349)提高幅度不明显，因为氮、磷属于非光敏物质，提取相关信息受到干扰因素较多，不能满足反演秋季总氮、总磷的要求。春季：与总氮相关性超过0.88的有5种组合，其中B2 * B3组合的相关性达到0.888，比单波段最高相关性(0.861)有所提高，恰为单波段相关系数最高的B2、B3波段的组合；总磷波段组合后相关性最大也只有0.5以下，与单波段相比没有明显的提高。

3.3　最小二乘支持向量机模型

支持向量机(support vector machine,SVM)最早是有 AT&Bell 实验室的工作人员于20世纪70年代发现,并与1995年首次提出的一种针对样本数量相对较小的群体进行分类、训练的机器学习理论。在机器学习已经样本训练中,泛化能力较强的机器学习理论对样本数据的分类、拟合的性能更好,主要表现在分类训练中准确率高、在拟合训练中数值预报的偏差更小。支持向量机由于其具有较强的泛化能力在监督学习、数据分析、识别模式、分类与回归分析中具有广泛的应用。SVM 的核心基础是用于统计学习理论 VC 维和用于 VC 维并保证精度的结构风险最小(structural risk minimization,SRM)准则。

最小二乘支持向量机(LS-SVM)在标准支持向量机的基础上引入了误差平方和的概念,使得其在对目标计算的过程中计算量更少、求解难度更低、速度更快。LS-SVM 的计算原理是将非线性映射输入向量从低维空间映射到高维空间并进行拟合。其中 LS-SVM 函数估算算法过程如下:

设训练样本集:$D=\{(x_k,y_k)\mid k=1,2,\cdots,N\}$,$x_k\in R^n$,$y_k\in R$,$x_k$ 为输入数据,y_k 为输出数据。在 w 空间中的函数估计问题可以描述并解决以下问题。

$$\min_{w,b,e} J(w,e)=\frac{1}{2}w^{\mathrm{T}}w+\frac{1}{2}\gamma\sum_{k=1}^{N}e_k^2 \tag{3-1}$$

式中:误差变量 $e_k\in R$; b 为偏差量;γ 为正则化参数。

约束条件:$y_k=w^{\mathrm{T}}\varphi(x_k)+b=e_k(k=1,\cdots,N)$。

拉格朗日函数表示方式:

$$L(w,b,e,\alpha)=J(w,e)-\sum_{k=1}^{N}\alpha_k\{w^{\mathrm{T}}\varphi(x_k)+b+e_k-y_k\} \tag{3-2}$$

其中:拉格朗日乘子 $\alpha_k \in R$。对式(3-2)进行优化,根据 KTT 条件:

$$\left.\begin{aligned}
&\frac{\partial L}{\partial w} = 0 \rightarrow w = \sum_{k=1}^{N} \alpha_k \varphi(x_k) \\
&\frac{\partial L}{\partial b} = 0 \rightarrow \sum_{k=1}^{N} \alpha_k = 0 \\
&\frac{\partial L}{\partial e_k} = 0 \rightarrow \alpha_k = \gamma e_k \\
&\frac{\partial L}{\partial \alpha_k} = 0 \rightarrow w^{\mathrm{T}} \varphi(x_k) + b + e_k - y_k = 0
\end{aligned}\right\} \tag{3-3}$$

对于 $k=1,\cdots,N$,消去 w 和 e,得到如下方程:

$$\begin{bmatrix} 0 & 1^{\mathrm{T}} \\ 1 & \boldsymbol{M} + \gamma^{-1} I \end{bmatrix} \begin{bmatrix} b \\ a \end{bmatrix} = \begin{bmatrix} 0 \\ Y \end{bmatrix} \tag{3-4}$$

其中:$\boldsymbol{M}$ 为一个方阵,$1 = [1,\cdots,1]^{\mathrm{T}}$,$Y = [y_1,\cdots,y_N]^{\mathrm{T}}$,$a = [a_1,\cdots,a_N]^{\mathrm{T}}$。其第 i 行 j 列的元素为 $M_{ij} = \varphi(x_i)^{\mathrm{T}} \varphi(x_j) = M(x_i, x_j)$,$M(x,y)$ 为核函数。用最小二乘法求出 a 和 b,由此得到预测输出:

$$y(x) = \sum_{k=1}^{N} \alpha_k \varphi(x)^{\mathrm{T}} \varphi(x_k) + b = \sum_{k=1}^{N} \alpha_k M(x, x_k) + b \tag{3-5}$$

最小二乘支持向量机与神经网络的比较见表 3-5。

表 3-5　最小二乘支持向量机与神经网络的比较

项目	最小二乘支持向量机	神经网络
数学基础	结构风险最小化原则	经验风险最小化原则
学习样本	小样本,稀疏数据	大样本,数据要求高
最优性	全局最优	易陷入局部最优

续表 3-5

项目	最小二乘支持向量机	神经网络
泛化能力	较强	较弱
模型结构和参数	由算法自动确定	凭经验或试凑选择
计算过程复杂程度	较低	较高

3.4　BP 人工神经网络模型

人工神经网络无须事先确定输入输出之间映射关系的数学方程,仅通过自身的训练,学习某种规则,在给定输入值时得到最接近期望输出值的结果。作为一种智能信息处理系统,人工神经网络实现其功能的核心是算法。BP 神经网络是一种按误差反向传播(简称误差反传)训练的多层前馈网络,其算法称为 BP 算法,它的基本思想是梯度下降法,利用梯度搜索技术,以期使网络的实际输出值和期望输出值的误差均方差为最小。

BP 神经网络的计算过程由正向计算过程和反向计算过程组成。正向传播过程,输入模式从输入层经隐单元层逐层处理,并转向输出层,每一层神经元的状态只影响下一层神经元的状态。如果在输出层不能得到期望的输出,则转入反向传播,将误差信号沿原来的连接通路返回,通过修改各神经元的权值,使得误差信号最小。

多层神经网络结构:通常一个多层神经网络由 L 层神经元组成,第一层称作输入层,最后一层称作输出层,中间层为隐含层。

多层神经网络的基本组成元素是神经元,单个神经元的模型如下:

输入层输入向量:$\boldsymbol{X}=(x_1,x_2,x_3,x_4,\cdots,x_m)$

第 L 层的隐含层向量:$H^1=(h_1^1,h_2^1,\cdots,h_j^1,\cdots,h_{s1}^1)$ $(1=2,3,\cdots,L-1,j=1,2,\cdots,s1)$

输出层输出向量:$\boldsymbol{Y}=(y_1,y_2,\cdots,y_k,\cdots,y_n)$

设 W_{ij}^1 为从第1—1层的第 i 个神经元与第1层的第 j 个神经元之间的连接权重,b_j^1 为第1层第 j 个神经元的偏置。

因此得到:

$$h_j^1=f(\mathrm{net}_j^1) \tag{3-6}$$

$$\mathrm{net}_j^1=\sum_{j=1}^{s1-1}W_{ij}^1-b_j^1 \tag{3-7}$$

式中:net_j^1 为第1层第 j 个神经元的输入;$f(\cdot)$ 为激活函数。

激活函数作用:引入非线性因素,使得模型能够较好地逼近非线性函数。BP 神经网络算法常用的激活函数:

Sigmoid 函数:

$$f(x)=\frac{1}{1+\mathrm{e}^x} \tag{3-8}$$

Tanh 函数(双曲正切函数):

$$f(x)=\frac{\mathrm{e}^x-\mathrm{e}^{-x}}{\mathrm{e}^x+\mathrm{e}^{-x}} \tag{3-9}$$

优势:主要用于以下4个方面:函数逼近、模式识别、分类、数据压缩。

劣势:①学习速度慢,需要多次学习才能收敛;②采用梯度下降法,容易陷入局部最小值;③网络层数、神经元个数的选取没有理论指导,主要凭借经验;④网络推广能力有限。

3.5 模型精度比较

在对清河水库的水质监测研究中,本书主要是采用遥感监测的手段研究清河水库总氮、总磷的含量。在建立水库水质反演模型的过程中,分别单波段值与波段组合值为自变量,总氮、总磷的实测值为因变量,建立线性回归模型,对清河水库总氮、总磷的含量进行反演,结果表明反演的相对误差较大,反演精度较差,不能准确估算出清河水库总氮、总磷的含量。因此,我们建立了最小二乘支持向量机,对清河水库总氮、总磷的含量进行反演研究。

在分析夏季6月、7月总磷含量的过程中,选择了38组数据的23组数据进行建模,运用剩余的15组数据进行验证,分别采用单波段反演模型、波段组合反演模型、最小二乘支持向量机反演模型对其进行反演,则实测值与反演预测值的相对误差值的对比结果如图3-1所示。

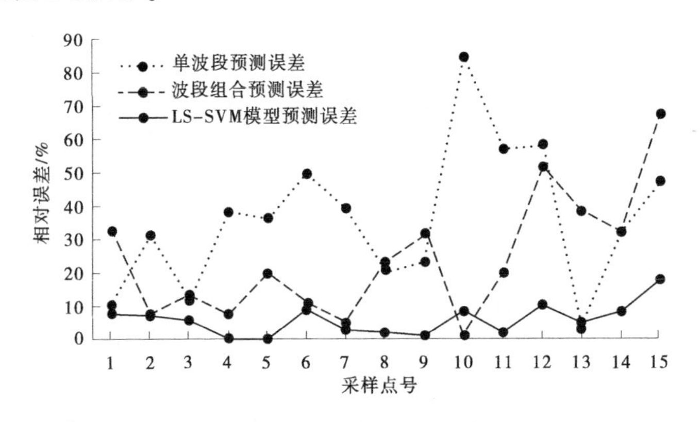

图3-1　夏季总磷的3种模型实测值与预测值相对误差

由图3-1可以看出,夏季总磷的3种反演模型中,单波段反演模型的预测值与实测值的误差值整体偏大,误差值超过20%的点有12个,且误差的最高值达到80%以上;波段组合反演模型的反演结果要优于单波段反演模型,误差值超过20%的点有9个,误差值最大的点为70%左右;最小二乘支持向量机反演模型的反演结果要优于波段组合反演模型,误差值超过20%的点没有,且误差值最大为 20%左右。因此,对于清河水库夏季总磷含量的反演,最小二乘支持向量机反演模型为最适模型。

在夏季总氮模型的建立,与总磷相似,在 38 组数据中,选出 23 组数据进行建模,剩余的 15 组数据进行验证,分别建立单波段反演模型、波段组合反演模型、最小二乘支持向量机反演模型,分析不同的模型的反演相对误差,则 3 种模型的预测值与实测值的相对误差比较如图 3-2 所示。

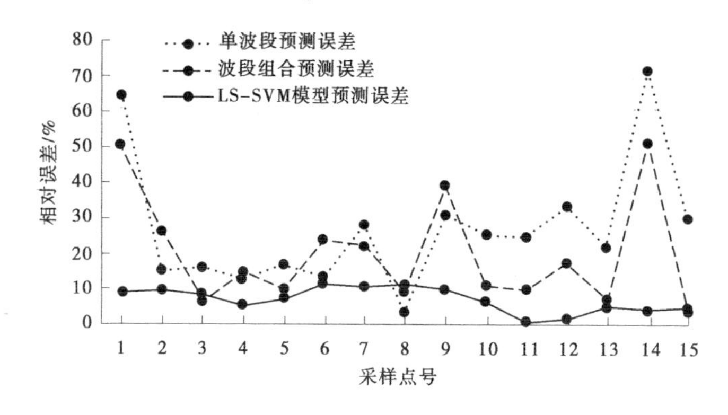

图 3-2　夏季总氮的 3 种模型实测值与预测值相对误差

由图 3-2 可以看出,夏季总氮的 3 种反演模型中,波段组合反演模型的反演结果要优于单波段反演模型,最小二乘支持向量机反演模型的反演结果要优于波段组合反演模型。单波段反演模型最大相对误差值高于 70%,且超过 20%的点有 9 个;波段组合反演模型相对误差值最大值为 50%左右,且误差值高于 20%的点有 6 个;最小二乘支持向量机反演模型的相对误差的最大值为 10%左右,且误差值超过 20%的点没有。因此,对于夏季总氮含量的反演情况,最小二乘支持向量机反演模型依旧是最适模型。

秋季总磷反演模型的建立中,由于受到云的影响,仅有 36 组数据,因此以 36 组数据中的 21 组数据建立模型,剩余的 15 组数据作为检验数据。则以波段值为自变量,总磷含量的实测值为因变量分别建立单波段反演模型、波段组合反演模型、最小二乘支持向量机反演模型,则 3 种模型的预测值与实测值的相对误差结果如图 3-3 所示。

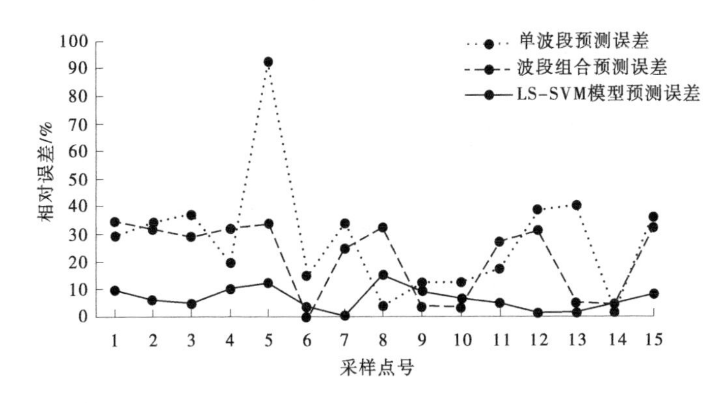

图 3-3　秋季总磷的 3 种模型实测值与预测值相对误差

由图 3-3 可以看出,秋季总磷的 3 种反演模型中,单波段反演模型的预测值与实测值的误差值波动较大,且误差值平均也较大,误差值最大的值达到 90%左右,误差值超过 20%的点有 9 个;波段组合反演模型,误差值最大的点为 35%左右,误差值超过 20%的点有 10 个,虽然误差值超过 20%的点要多于单波段模型,但是相对误差的平均值要小于单波段反演模型,且较单波段模型,相对误差值较为稳定,因此波段组合模型要优于单波段模型;最小二乘支持向量机模型的反演结果要优于波段组合模型,误差值最大为 20%左右,误差值超过 20%的点没有。因此,对于清河水库秋季总磷含量的反演,最小二乘支持向量机反演模型为最适模型。

秋季总氮含量的模型反演与秋季总磷的模型反演相似,从 36 组数据中选出 21 组数据作为建模数据,剩余的 15 组数据作为验证模型,以波段值为自变量,总氮含量的实测值为因变量分别建立单波段模型、波段组合模型、最小二乘支持向量机模型，则 3 种模型的预测值与实测值的相对误差结果如图 3-4 所示。

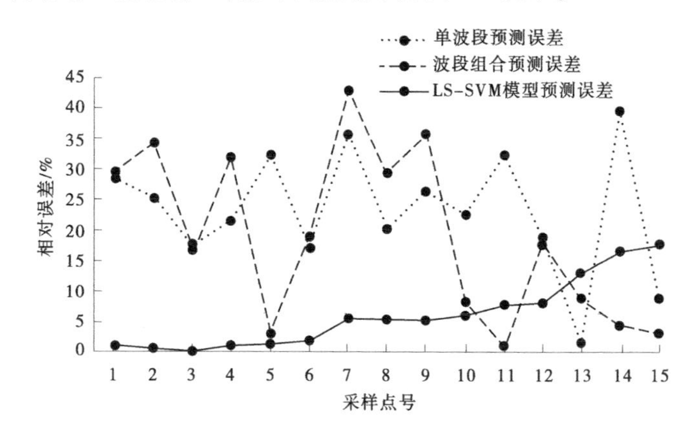

图 3-4　秋季总氮的 3 种模型实测值与预测值相对误差

由图 3-4 可以看出，秋季总氮含量的 3 种反演模型中，依然是最小二乘支持向量机模型的反演要优于波段组合反演模型，波段组合反演模型的反演结果要优于单波段反演模型。单波段反演模型的相对误差的最高值为 40%左右，误差值超过 20%的点有 10 个；波段组合模型的相对误差的最高值也为 43%左右，误差值超过 20%的点有 6 个，虽然单波段反演模型与波段组合模型反演的最高值相差不多，但是波段组合模型的反演结果相对误差值小于单波段模型的点较多，因此依然是波段组合模型的反演结果要优于单波段反演模型；最小二乘支持向量机模型的反演相对误差最高值为 20%左右，误差值超过 20%的点没有，因此最小二乘支持向量机模型的反演结果优于波段组合模型，为清河水库秋季总氮反演的最适模型。

总体来说，采用最小二乘支持向量机模型对清河水库水质的预测结果除一些可能的实测数据的因素导致误差偏大外，基本可信。除部分异常数据外，反演结果的相对误差值基本控制在 10%左右，与传统预测方法的 20%左右的误差值相比，预测精度明显提高了 1 倍左右。

通过对比 3 种应用于清河水库总氮、总磷含量监测的 3 种模型，分别是单波段模型、波段组合模型、最小二乘支持向量机模型。首先利用波段值与实测数据的相关关系建立了模型，分析 3 种模型的相对误差，则利用单波段模型反演的总氮最高误差值为 71.49%，平均值最高达到 27.21%；单波段模型反演总磷最高误差值为 92.25%，平均值最高达到 36.12%。波段组合模型反演总氮最高误差值为 42.73%，平均值最高达 20.19%；波段组合模型反演总磷含量相对误差最高值为 67.43%，平均值最高为 24.23%。最小二乘支持向量机模型反演总氮最高误差值为 17.73%，平均值最高为 7.10%；最小二乘支持向量机模型反演总磷的最高误差为 17.91%，平均值最高为 6.70%。则对于清河水库总氮、总磷的反演，最小二乘支持向量机模型要优于单波段模型及波段组合模型，且单波段模型及波段组合模型由于反演精度过低，不适用于清河水库水质参数的反演，最小二乘支持向量机模型可以用于清河水库总氮、总磷的反演监测。

由于最小二乘支持向量机众多的优点在电力、物理、化学、水利等领域得到了广泛的应用。唐舟进等(2014)利用 LS-SVM 模型对混沌时间序列进行了预测分析。李大中等(2014)以 LS-SVM 模型对光伏功率进行了预测研究。宋志宇等(2006)利用 LS-SVM 模型对大坝变形进行了监测研究发现相比于 SVM 模型，LS-SVM 模型在大坝数据建模方面更有优势。房平等(2011)利用 LS-SVM 模型对西安灞河口水质预测，预测准确率达到 95%。以上学者的研究表明，LS-SVM 模型在预测方面具有泛化能力强、预测精度高等众多优点，故本书选择 LS-SVM 模型对大伙房水库水质进行反演预测。LS-SVM 模型的关键是核函数的选择，线性内核、多项式内核、径向基内核(radial basis function,RBF)、Sigmoid 核 4 种核函数是 LS-SVM 模型主要的选择。RBF 核以其适用的广泛性成为 4 种核函数中最突出的核函数,其优点如下:①线性核函数并不能像 RBF 函数一样将每一个样本映射到高维空间;②在参数确定方面,RBF 相比于多项式核函数需要确定的参数要少,参数的减少意味着函数的复杂程度变小,计算将变得相对简单;③对于某些参数,RBF 和 Sigmoid 具有相似的性能。由于上述的优点本书在建立模型时选择 RBF 核作为 LS-SVM 模型的核函数,并以此为基础对大伙房水库水质参数进行反演研究。

综上,我们可以得到:单波段模型和波段组合模型效果较差,人工 BP 神经网络模型与最小二乘支持向量机模型明显好于前两者,具有拟合性更好、更准确、误差更小等优势。

第 4 章　水质遥感的实际应用

4.1　偏最小二乘回归模型的建立与反演

以 2015 年夏季 60 组数据为例,建立水质参数的反演模型,并进行模型精度的验证。根据偏最小二乘的原理,研究环境小卫星的 4 个波段值(B1、B2、B3、B4、),叶绿素 a、悬浮物、透明度、高锰酸盐指数、总氮、总磷 6 个参数共计 10 个变量的简单相关系数矩阵。经过分析,B1 波段与 B2 波段、B3 波段、B4 波段呈正相关;叶绿素 a 与悬浮物、高锰酸盐指数、总磷是正相关的,与透明度和总氮是负相关的;从两组变量的关系看,B1 波段与叶绿素 a、悬浮物、透明度、高锰酸盐指数呈负相关,与总氮、总磷是正相关的。

标准化变量 $\tilde{y}_k$ 关于成分 t_1 的回归模型如下:

$$\tilde{y}_k = r_{1k}t_1 + r_{2k}t_2 + r_{3k}t_3 \quad (k = 1,2,3) \tag{4-1}$$

由于成分 t_h 可以写成原变量的标准化变量 $\tilde{x}_j$ 的函数,即为

$$t_h = w_{1h}^* \tilde{x}_1 + w_{2h}^* \tilde{x}_2 + w_{3h}^* \tilde{x}_3 \tag{4-2}$$

所以可得出由成分 t_1 所建立的偏最小二乘回归模型为

$$\begin{aligned}\tilde{y}_k &= r_{1k}(w_{11}^* \tilde{x}_1 + w_{21}^* \tilde{x}_2 + w_{31}^* \tilde{x}_3) + r_{2k}(w_{12}^* \tilde{x}_1 + w_{22}^* \tilde{x}_2 + w_{32}^* \tilde{x}_3) + \\ &\quad r_{3k}(w_{13}^* \tilde{x}_1 + w_{23}^* \tilde{x}_2 + w_{33}^* \tilde{x}_3) \\ &= (r_{1k}w_{11}^* + r_{2k}w_{12}^* + r_{3k}w_{13}^*)\tilde{x}_1 + (r_{1k}w_{21}^* + r_{2k}w_{22}^* + r_{3k}w_{23}^*)\tilde{x}_2 + \\ &\quad (r_{1k}w_{31}^* + r_{2k}w_{32}^* + r_{3k}w_{33}^*)\tilde{x}_3\end{aligned} \tag{4-3}$$

所以,将回归系数代入式(4-3)可得到:

$$\tilde{y}_1 = -1.568\tilde{x}_1 + 2.009\tilde{x}_2 - 1.209\tilde{x}_3 + 0.535\tilde{x}_4 \quad (4\text{-}4)$$

$$\tilde{y}_2 = 0.100\tilde{x}_1 - 1.057\tilde{x}_2 + 0.305\tilde{x}_3 + 0.576\tilde{x}_4 \quad (4\text{-}5)$$

$$\tilde{y}_3 = -1.074\tilde{x}_1 + 2.737\tilde{x}_2 - 1.227\tilde{x}_3 - 0.745\tilde{x}_4 \quad (4\text{-}6)$$

$$\tilde{y}_4 = -1.375\tilde{x}_1 + 1.865\tilde{x}_2 - 1.109\tilde{x}_3 + 0.322\tilde{x}_4 \quad (4\text{-}7)$$

$$\tilde{y}_5 = 1.099\tilde{x}_1 - 0.378\tilde{x}_2 + 0.542\tilde{x}_3 - 1.229\tilde{x}_4 \quad (4\text{-}8)$$

$$\tilde{y}_6 = 1.894\tilde{x}_1 - 1.284\tilde{x}_2 + 1.042\tilde{x}_3 - 1.860\tilde{x}_4 \quad (4\text{-}9)$$

将标准化变量 $\tilde{y}_k$、$\tilde{x}_k(k=1,2,3)$ 分别还原成原始变量 y_k、x_k $(k=1,2,3)$，则回归方程为

$$y_1 = 16.908 - 0.058x_1 + 0.069x_2 - 0.036x_3 + 0.0151x_4 \quad (4\text{-}10)$$

$$y_2 = 0.778 + 8.68\times10^{-5}x_1 + 8.51\times10^{-4}x_2 + 2.16\times10^{-4}x_3 + 3.84\times10^{-4}x_4 \quad (4\text{-}11)$$

$$y_3 = 27.570 - 0.0265x_1 + 0.063x_2 - 0.025x_3 - 0.014x_4 \quad (4\text{-}12)$$

$$y_4 = 3.127 - 0.001x_1 + 0.002x_2 + 9.7\times10^{-4}x_3 + 2.64\times10^{-4}x_4 \quad (4\text{-}13)$$

$$y_5 = 0.0854\times10^{-4}x_1 - 3.19\times10^{-5}x_2 + 4.04\times10^{-5}x_3 - 8.59\times10^{-5}x_4 \quad (4\text{-}14)$$

$$y_6 = 2.363 + 0.003x_1 - 0.002x_2 + 0.001x_3 - 0.002x_4 \quad (4\text{-}15)$$

式中：x_1、x_2、x_3、x_4 分别为波段 B1、B2、B3、B4 的反射率值；y_1、y_2、y_3、y_4、y_5、y_6 分别为叶绿素 a、透明度、悬浮物、高锰酸盐指数、总氮和总磷的含量。

为了更直观地对以上 6 个模型进行分析，选择在 Matlab 中绘制模型的回归系数直方图，以此来研究波段 B1、B2、B3、B4 分别解释叶绿素 a、透明度、悬浮物、高锰酸盐指数、总氮和总磷的含量边

际作用。图 4-1 为回归系数的直方图,从图中发现,B1(蓝色波段)变量的回归系数小,因此不能较强地解释透明度回归方程,B2(绿色波段)变量均能解释 6 个水质参数的回归方程,但解释总氮的作用不强;B3(红波):对透明度值的解释能力不强;B4(近红外波段)解释总氮、总磷、悬浮物回归方程的作用较大,而解释其他参数的作用有限。与叶绿素 a、悬浮物、高锰酸盐指数、总氮和总磷水质参数相比,透明度的反演模型则相对不理想,B1、B3、B4 三个波段对透明度值的解释能力都非常低,精度明显不高。

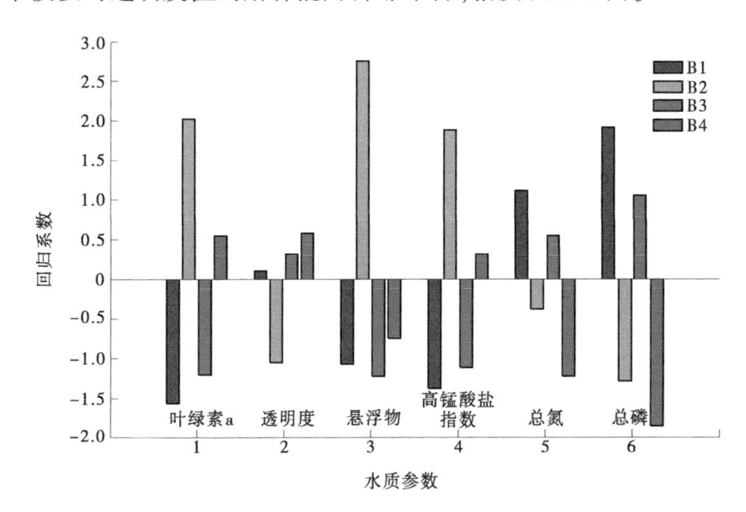

图 4-1　回归系数的直方图

为了对以上建立的 6 个回归方程模型的精度进行验证,将反演值和实测值绘制在同一张图上,如果所有散点都能在图中对角线附近呈现出均匀分布的状态,则证明回归方程的反演值与实测值有着较小的差异,那么建立的水质参数反演方程是比较满意的,其能够对水质进行精确的预测,反之则不能精确预测。具体的水质参数反演如图 4-2 所示。

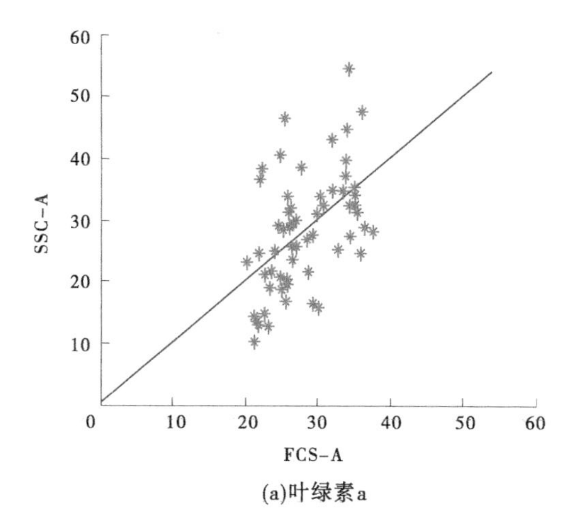

(a)叶绿素a

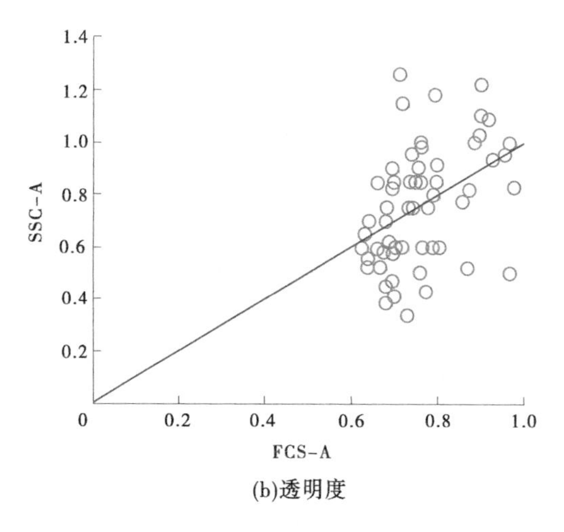

(b)透明度

图 4-2　水质参数反演图

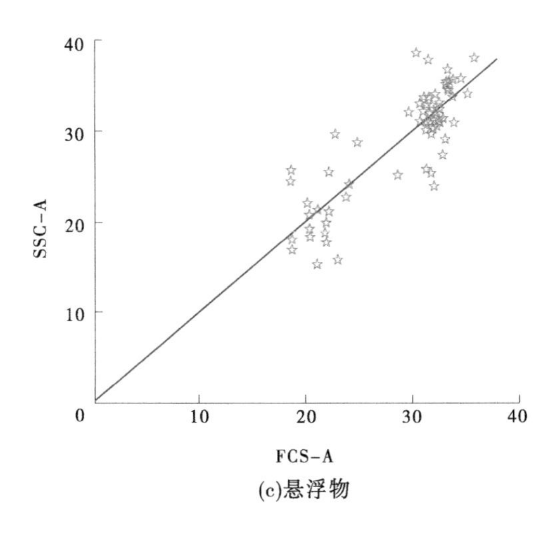

(c)悬浮物

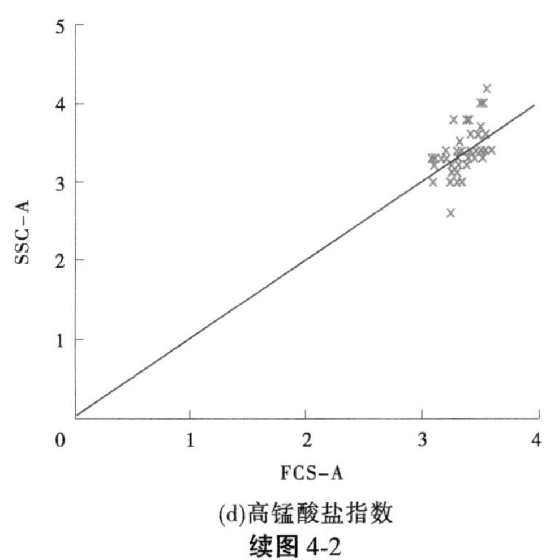

(d)高锰酸盐指数

续图 4-2

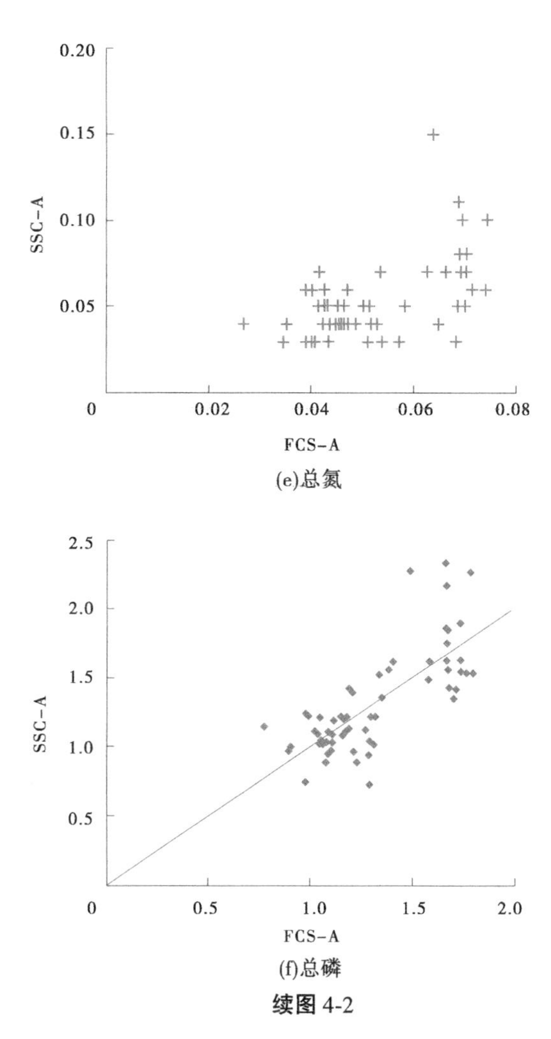

(e)总氮

(f)总磷

续图 4-2

从图 4-2 可知,图中总氮所有点基本在图的对角线右下部分,分布极其不均匀,总氮的反演效果最差。

以夏季叶绿素 a 的反演为例,以 45 组数据作为样本数据,其余 15 组数据作为验证数据。通过对模型的反演,预测误差分析(见表 4-1)表明,利用偏最小二乘回归模型预测的叶绿素 a 浓度值与实测值的平均相对误差为 23.84%,其中预测的最大相对误差为 50.98%,最小相对误差为 2.51%,相对误差在 20%以上的点共有 8 个,反演效果有待进一步提高;透明度、悬浮物、高锰酸盐指数、总氮和总磷的含量的相对误差分别为 23.62%、10.13%、5.31%、28.02%和 11.28%,结果表明误差小于 20%的悬浮物模型、高锰酸盐指数模型和总磷模型属于较好的模型,可以用来反演夏季的水质参数。

表 4-1　夏季偏最小二乘回归模型水质参数误差分析　%

叶绿素 a	透明度	悬浮物	高锰酸盐指数	总氮	总磷
4.98	24.60	20.38	14.10	17.91	1.90
38.66	65.68	12.30	27.15	45.55	30.83
8.92	7.19	9.86	1.08	26.48	8.41
33.87	3.92	5.66	9.35	51.12	2.84
2.51	6.25	5.89	2.02	22.28	14.88
39.31	83.01	8.96	1.18	9.50	5.12
45.35	65.71	21.36	7.41	14.70	5.43
41.51	8.27	0.88	2.70	12.80	39.75
11.06	2.83	25.78	1.61	28.09	15.10
50.98	31.57	12.97	3.20	35.72	11.90
23.97	33.22	6.74	5.28	34.97	0.03
27.73	0.50	1.82	0.70	39.50	12.84
8.03	12.35	3.36	1.44	41.58	13.59
6.30	1.44	14.68	1.60	16.97	2.22
14.40	7.80	1.36	0.76	23.18	4.35

同理,构建秋季和春季的偏最小二乘回归模型并进行误差分析,以 26 组数据为建模数据,14 组数据为验证数据检验模型的反演效果,具体的误差分析见表 4-2。

表 4-2　秋季、春季偏最小二乘回归模型水质参数误差分析　%

季节	叶绿素 a	透明度	悬浮物	高锰酸盐指数	总氮	总磷
秋季	33.29	19.17	9.76	12.50	33.14	8.97
	33.26	21.02	7.78	13.95	17.95	16.51
	50.98	12.17	0.83	14.15	9.60	9.80
	136.80	3.03	1.98	4.78	89.94	3.17
	42.86	14.28	5.23	14.63	6.21	1.57
	32.39	4.12	1.26	5.50	31.50	4.11
	116.45	20.81	15.20	13.38	43.77	2.48
	13.29	39.76	16.88	1.02	2.82	3.30
	17.30	0.54	10.52	1.60	10.57	0.17
	14.14	13.89	1.57	2.47	20.14	0.08
	15.75	12.83	9.05	0.69	21.13	3.27
	17.88	3.52	1.04	2.33	11.30	11.79
	44.97	0.29	8.43	3.12	24.08	0.55
	14.65	9.03	1.60	2.86	23.39	19.37
春季	16.87	30.51	8.50	2.68	99.02	13.20
	22.43	22.34	7.37	2.30	18.58	28.47
	109.38	11.03	48.25	3.21	61.77	19.21
	63.38	11.70	38.03	6.77	24.40	14.99
	47.94	24.01	11.57	5.11	46.74	15.92
	73.12	10.85	25.08	6.49	104.20	16.28
	3.14	12.67	33.09	7.17	91.56	8.62
	24.15	54.58	1.77	4.16	73.73	14.46
	16.67	33.10	15.53	16.47	69.71	17.20
	24.29	17.31	4.28	3.42	56.68	2.03
	9.77	11.12	9.43	11.81	31.49	1.58
	34.84	29.02	3.58	9.46	142.30	21.40
	28.90	8.74	0.31	0.33	149.37	13.64
	20.79	21.05	13.19	2.84	176.34	6.15

从表 4-2 分析可知,秋季叶绿素 a、透明度、悬浮物、高锰酸盐指数、总氮和总磷模型的相对误差分别为 41.72%、12.46%、6.51%、6.64%、24.68%和 6.08%,其中叶绿素 a 和总氮模型的平均误差超过 20%;而春季叶绿素 a、透明度、悬浮物、高锰酸盐指数、总氮和总磷模型的相对误差分别为 35.41%、20.43%、15.71%、5.87%、61.63%和 13.80%,其中叶绿素 a、透明度和总氮的相对误差超过 20%。结构表明,偏最小二乘的春季、夏季和秋季模型总体上可以接受,除秋季叶绿素 a 和春季总氮的反演误差超过 40%。

4.2　最小二乘支持向量机的原理

传统的经典线性回归方法对于水质参数的反演普遍存在精度不高的问题,而支持向量机因其对于小样本学习有极大的优势而被应用在水质监测与评价中,对于卫星数据与水质参数这种非线性关系而且有限的水质样本无疑意义重大。与人工神经网络模型相比,支持向量机能克服样本量少、计算过程复杂、参数选择随机性及过度学习拟合不足的问题。

支持向量机本质上是一种基于统计学习理论的机器学习方法,关键是从非线性模式和高维模式中挖掘出最有用的信息,从而极大化削弱其他噪声的影响,以结构风险最小化为依据去构造模型,这正是神经网络的劣势所在。最小二乘支持向量机(LS-SVM)是在支持向量机的基础上约束条件由不等式变为等式,由二次规划求解变为线性方程组的求解问题,从而使研究的问题得到简化。

设数据集:$\{(x_i, y_i) \mid i = 1, 2, \cdots, N\}$,$x_i \in R^n$,$y_i \in R$,$x_i$ 和 y_i 分别为输入数据和目标数据。则最小二乘支持向量机的求解问题变为

$$\min_{w,b,e} J(w, e) = \frac{1}{2} w^{\mathrm{T}} w + \frac{1}{2} \gamma \sum_{i=1}^{N} e_i^2 \tag{4-16}$$

约束条件：

$$y_i = w^{\mathrm{T}}\varphi(x_i) + b = e_i \quad i = 1,\cdots,N \tag{4-17}$$

拉格朗日函数：

$$L(w,b,e,\alpha) = J(w,e) - \sum_{i=1}^{N} \alpha_i \{ w^{\mathrm{T}}\varphi(x_i) + b + e_i - y_i \} \tag{4-18}$$

其中拉格朗日乘子 $\alpha_i \in R$ 。分别对式(4-17)各参数进行求导数=0：

$$\left.\begin{aligned}
&\frac{\partial L}{\partial w} = 0 \rightarrow w = \sum_{i=1}^{N} \alpha_i \varphi(x_i) \\
&\frac{\partial L}{\partial b} = 0 \rightarrow \sum_{i=1}^{N} \alpha_i = 0 \\
&\frac{\partial L}{\partial e_i} = 0 \rightarrow \alpha_i = \gamma e_i \\
&\frac{\partial L}{\partial \alpha_i} = 0 \rightarrow w^{\mathrm{T}}\varphi(x_i) + b + e_i - y_i = 0
\end{aligned}\right\} \tag{4-19}$$

联立方程组求解参量 α_i, b

$$\begin{bmatrix} 0 & 1^{\mathrm{T}} \\ 1 & \Omega + \gamma^{-1} I \end{bmatrix} \begin{bmatrix} b \\ \alpha \end{bmatrix} = \begin{bmatrix} 0 \\ y \end{bmatrix} \tag{4-20}$$

其中：$I=[1,\cdots,1]^{\mathrm{T}}$，$y=[y_1,\cdots,y_i]^{\mathrm{T}}$，$\alpha=[\alpha_1,\cdots,\alpha_i]^{\mathrm{T}}$，$\boldsymbol{\Omega}$ 为一个方阵，其第 i 行第 j 列的元素为 $\Omega_{ij}=\varphi(x_i)^{\mathrm{T}}\varphi(x_j)=K(x_i,x_j)$，$K(x_i,x_j)$ 为核函数，是满足 Mercer 条件的任意对称函数。目前主要为高斯核函数、Sigmoid 函数和多项式函数，而高斯核函数是求非解线性问题常用的函数。因水质反演属于此类问题，故采用高斯核函数。

最终可以求解数据集的最小二乘支持向量机函数关系式：

$$y(x) = \sum_{i=1}^{N} \alpha_i M(x_i, x_j) + b \tag{4-21}$$

4.3　夏季水质参数的反演与比较

主要利用环境卫星与地物光谱仪同步进行的方法对水质进行监测，因其模型不具有通用性，所以针对各水质参数指标分别以单波段值、波段组合值为自变量，水质参数的实测值为因变量，分别构建不同季节的回归模型。研究结果表明，单波段反演的结果相对误差普遍较大，不能实现对水质参数的准确反演。考虑到各水质参数之间的多重相关性问题及样本数量偏少的问题，分别构建了偏最小二乘回归模型和最小二乘支持向量机模型，以此实现对水质参数的反演，并验证模型的精度。

以反演夏季透明度为例，将波段组合中相关系数最大对应波段 B4/(B2+B3)数值作为输入数据，透明度的预测值为因变量，建立夏季透明度的最小二乘支持向量机反演模型。其中以 45 组数据作为训练样本，15 组数据作为验证样本。透明度的误差分析如表 4-3 所示。

表 4-3　夏季透明度误差分析

预测值/m	实测值/m	绝对误差/m	相对误差/%
0. 65	0. 52	0. 13	25. 25
0. 65	0. 41	0. 24	58. 46
0. 63	0. 59	0. 04	7. 47
0. 66	0. 7	-0. 04	5. 16
0. 63	0. 65	-0. 02	3. 65
0. 62	0. 43	0. 19	43. 63
0. 86	0. 52	0. 34	66. 08

续表 4-3

预测值/m	实测值/m	绝对误差/m	相对误差/%
0. 93	0. 77	0. 16	20. 50
0. 81	0. 95	-0. 14	14. 35
0. 87	1. 18	-0. 31	26. 69
0. 80	0. 6	0. 20	34. 12
0. 56	0. 85	-0. 29	34. 05
0. 81	0. 9	-0. 09	10. 03
0. 77	0. 75	0. 02	2. 32
0. 79	0. 85	-0. 06	7. 33

通过表 4-3 夏季透明度误差分析的预测结果看出,透明度的反演值在 0. 56~0. 93 m,其中最大相对误差值为 66. 08%,最小相对误差为 2. 32%,平均相对误差为 23. 94%,相对于波段组合回归模型平均相对误差 24. 39%有所降低,但反演值与预测值的判定系数 R^2 较小,为 0. 21,预测效果误差波动较大。同理,分析其他参数的误差特性,结果如表 4-4 所示。

表 4-4　夏季水质参数误差分析

水质参数	最大相对误差/%	最小相对误差/%	平均相对误差/%
叶绿素 a	50. 84	0. 38	19. 25
悬浮物	27. 99	0. 68	11. 81
总氮	43. 56	1. 73	17. 27
总磷	66. 81	6. 67	33. 98
高锰酸盐指数	27. 97	0. 38	6. 46

由表 4-4 可知,总体而言,最小二乘支持向量机反演的水质参数精度平均未超出 40%的误差范围,悬浮物和高锰酸盐指数的平均相对误差小而且波动幅度不大,平均相对误差分别为 11.81%和 6.46%;叶绿素 a 和总氮反演的平均相对误差分别为 19.25%和 17.27%,根据结果得出平均相对误差范围在 20%之内,表示模型的反演精度较高,可以接受。

为了比较最小二乘支持向量机在水质参数的适应性,同时比较所建立的单波段模型、波段组合模型、偏最小二乘回归模型及最小二乘支持向量机模型的精度,以此选择适合辽宁省大面积集水域水库水质参数反演的最佳模型,为以后辽宁省大面积集水域的水质反演提供试验基础。

对于总磷和透明度而言,单波段数据因其相关性不显著并未建立起统计学上的单波段回归模型,因此在波段组合模型、偏最小二乘回归模型和最小二乘支持向量机模型三者间进行比较,具体的误差分析如图 4-3 和图 4-4 所示。

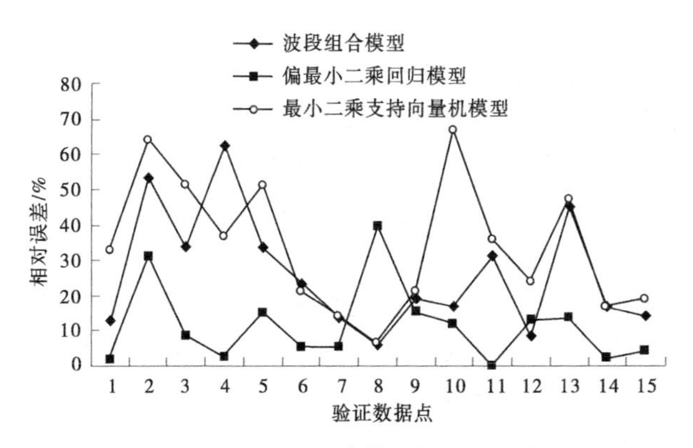

图 4-3　夏季总磷模型相对误差对比

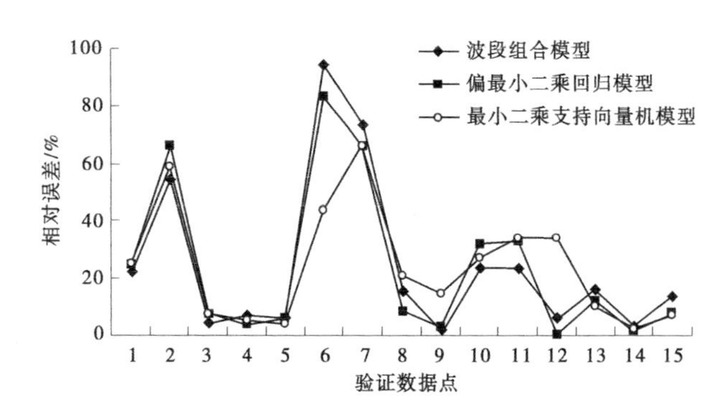

图 4-4　夏季透明度模型相对误差对比

从图 4-3 和图 4-4 可以得出，对于总磷，偏最小二乘回归模型的精度明显提高，波段组合模型的最大相对误差达 62. 55%，而偏最小二乘回归模型的最大相对误差为 39. 75%；通过数据分析波段组合模型、偏最小二乘回归模型、最小二乘支持向量机模型的误差平均值分别为 26%、11. 28%、33. 98%，且偏最小二乘回归模型的相对误差波动较小。对于透明度，3 个模型误差趋势整体分布一致，反演的最大误差值均在 60%以上，但从平均相对误差分析，相对于波段组合模型的平均相对误差 24. 39%和最小二乘支持向量机模型的平均相对误差 23. 94%，偏最小二乘回归模型的平均相对误差 23. 62%有所降低，但优势并不明显。通过以上分析，偏最小二乘回归模型表现出良好的反演优势。

叶绿素 a、悬浮物、高锰酸盐指数和总氮分别在单波段模型、波段组合模型、偏最小二乘回归模型和最小二乘支持向量机模型 4 种模型进行比较。具体的误差分析如图 4-5～图 4-8 所示。

由图 4-5～图 4-8 得出，对于总氮，4 种模型的平均相对误差分别为 18. 32%、12. 32%、28. 02%和 17. 27%，其中波段组合模型的平均相对误差小且波动范围小，平均相对误差超过 20%的点数有

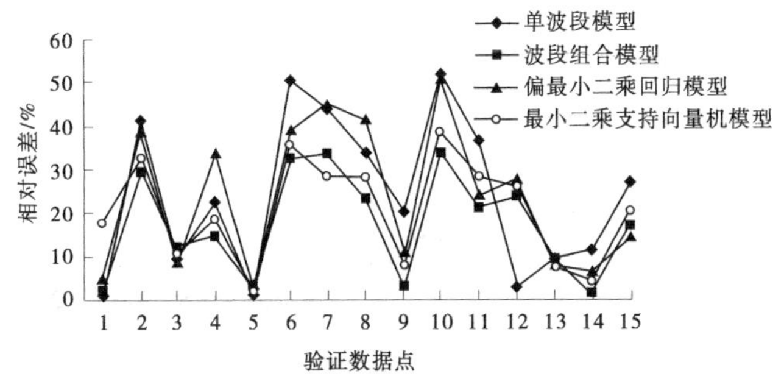

图 4-5　夏季叶绿素 a 模型相对误差对比

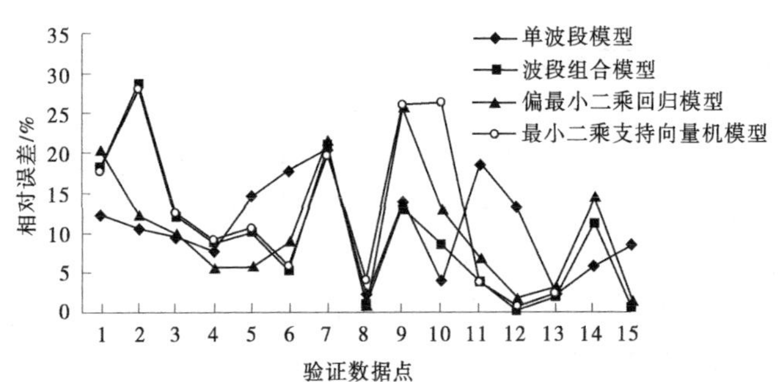

图 4-6　夏季悬浮物模型相对误差对比

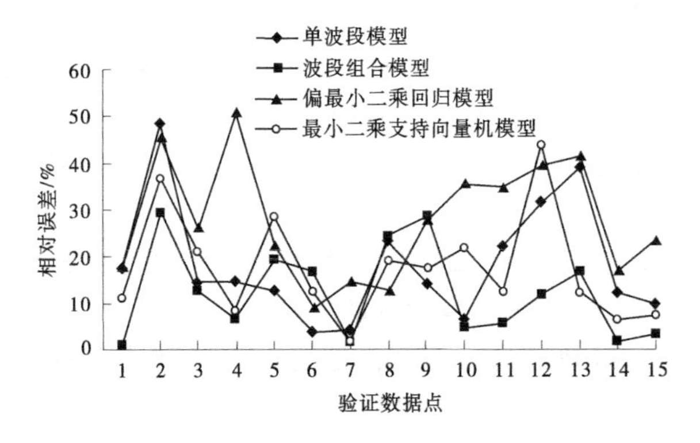

图 4-7　夏季总氮模型相对误差对比

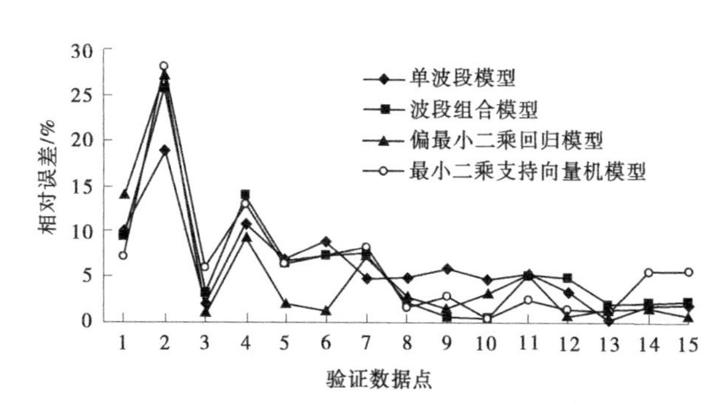

图 4-8　夏季高锰酸盐指数模型相对误差对比

3 个,而偏最小二乘回归模型的平均相对误差超过 20%的点数达 10 个,其他 2 种模型的平均相对误差超过 20%的点数也有 5 个;对于悬浮物,4 种模型的平均相对误差均未超过 20%,但波段组合模型的最小,仅为 9.54%,误差范围相对集中;对于叶绿素 a,4 种模型平均相对误差分别为 24.28%、17.23%、23.84%和 19.25%,波段组合模型的平均相对误差、误差范围较其他模型小。因此,从反演悬浮物、总氮和叶绿素 a 的结果分析,波段组合模型的反演效果优于其他 3 种模型,为反演最佳模型。对于高锰酸盐指数,4 种模型的精度都非常高,平均相对误差均未超过 10%,分别为 6.11%、6.23%、5.30%和 6.46%,其中偏最小二乘回归模型的平均相对误差最小,反演效果比较理想。结合图 4-3 和图 4-4 的分析结果得知,偏最小二乘回归模型同样适用于总磷和透明度的反演。

综合以上 6 种水质参数不同模型的误差分析,波段组合模型对夏季总氮、悬浮物和叶绿素 a 的反演精度高,平均相对误差小;而偏最小二乘回归模型在反演高锰酸盐指数、透明度和总磷的效果上优于波段组合模型和单波段模型。

4.4　秋季水质参数的反演与比较

在 2015 年秋季 9 月、10 月水质参数的反演研究中,因高锰酸盐指数、总氮无论是单波段或波段组合均不呈显著的相关关系,因而未能建立反演模型。而基于偏最小二乘回归建立的模型则表现出良好的反演效果,高锰酸盐指数和总氮的平均相对误差分别为 6.64%和 22.21%;同样在秋季反演时,以上参数也未能建立有效的最小二乘支持向量机模型来进行反演,其他参数的误差分析如表 4-5 所示。

表 4-5　秋季水质参数误差分析

水质参数	最大相对误差/%	最小相对误差/%	平均相对误差/%
叶绿素 a	169.33	1.82	26.8
悬浮物	11.99	0.39	5.10
透明度	43.45	0.4	14.10
总磷	75.99	4.39	25.02

由表 4-5 可知,通过最小二乘支持向量机模型反演叶绿素 a、悬浮物、透明度和总磷的平均相对误差都在 40%以内,但除悬浮物反演的平均误差波动较小外,其余参数的最大相对误差均超过 40%,叶绿素 a 的最大相对误差达到 169.33%,而波段组合最大为 150.37%,偏最小二乘为 136.8%。可见通过最小二乘支持向量机的方法,模型的精度与单波段模型、波段组合模型及偏最小二乘回归模型精度相比没有得到较大的提高。

分别对透明度、悬浮物、总磷和叶绿素 a 采用 4 种模型进行反演,反演精度用平均相对误差来表示,则各模型反演值的相对误差如图 4-9~图 4-12 所示。

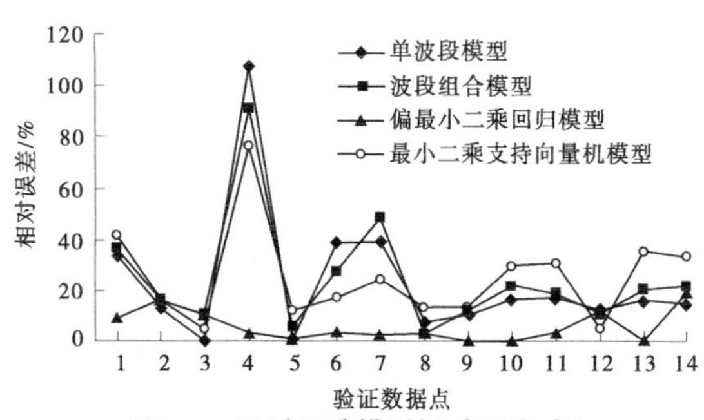

图 4-9　秋季总磷模型相对误差对比

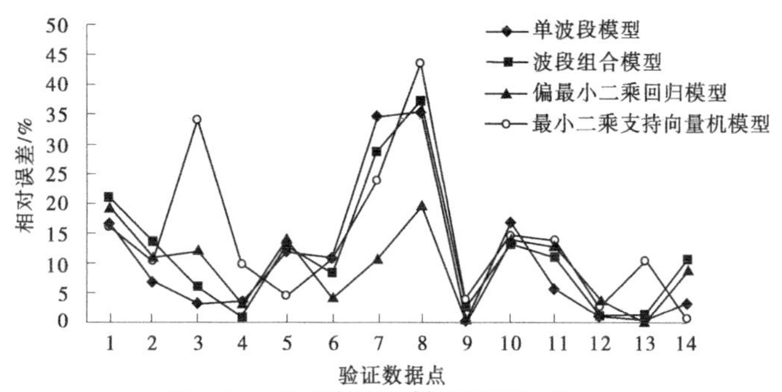

图 4-10　秋季透明度模型相对误差对比

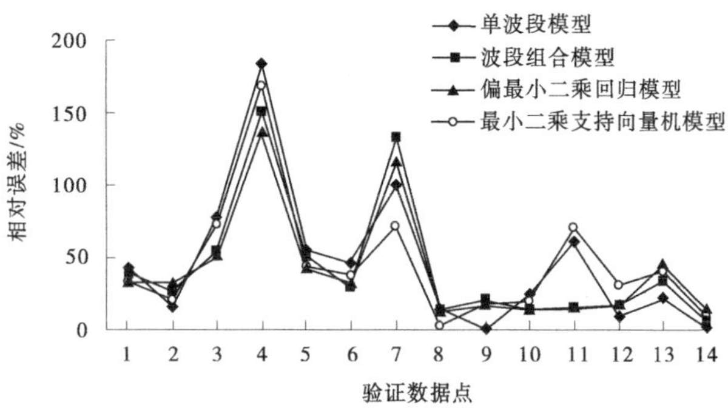

图 4-11　秋季叶绿素 a 模型相对误差对比

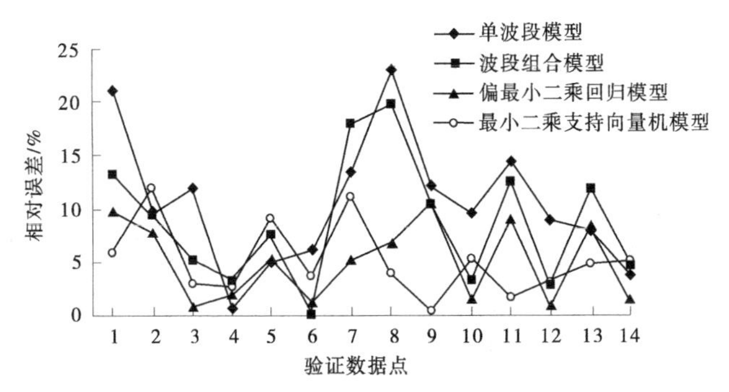

图 4-12　秋季悬浮物模型相对误差对比

由图 4-9~图 4-12 可以得出，整体而言，悬浮物和透明度的反演精度较高，误差波动相对较小。对于总磷，单波段模型、波段组合模型、偏最小二乘回归模型和最小二乘支持向量机模型的误差平均值分别为 23.57%、24.44%、6.08%和 25.02%，其中偏最小二乘回归模型反演的相对误差小于 20%，单波段回归模型、波段组合回归模型和最小二乘支持向量机模型的相对误差波动较大，且最大相对误差分别达 108.3%、90.85%和 75.99%，预测结果误差很不稳定；对于叶绿素 a，4 种模型的平均相对误差均超过 40%，但偏最小二乘回归模型的平均误差相对较低，根据研究结果，总体上建立的模型不可以接受，其中 4 种模型同一点位的反演误差最大相对误差竟达 183.88%、150.37%、116.45%和 169.33%；对于透明度而言，4 种模型的平均相对误差分别为 10.75%、11.87%、9.60%和 14.1%，均未超过 20%，但偏最小二乘回归模型误差范围比较集中，波动不大；对于悬浮物，4 种模型平均相对误差均小于 15%，分别为 10.51%、8.69%、5.08%和 5.10%，反演精度较高。

综合以上分析，偏最小二乘回归模型在反演秋季水质参数的效果上优于波段组合模型和单波段模型及最小二乘支持向量机模型。

4.5　春季水质参数的反演与比较

根据水质参数与环境卫星波段及其组合的相关性分析结果，春季数据的相关性优于秋季数据、夏季数据，由此通过波段组合相关性最大的波段数据建立春季参数的最小二乘支持向量机模型，反演的参数的误差分析如表 4-6 所示。

表 4-6　春季水质参数误差分析

水质参数	最大相对误差/%	最小相对误差/%	平均相对误差/%
叶绿素 a	91.70	4.54	30.83
悬浮物	56.74	1.17	21.28
透明度	65.41	8.67	27.73
总磷	173.74	0.90	55.76
总氮	27.27	2.41	12.98
高锰酸盐指数	18.86	0.23	8.62

由表 4-6 可知，总磷的平均误差超过 40%，认为模型的精度总体上不能被接受；但从最大相关误差来看，除总氮和高锰酸盐指数的相对较小外，其余参数的误差范围则明显过大，最小二乘支持向量机模型的反演精度也不尽人意。同理，在 2016 年春季 4 月、5 月水质参数的反演研究中，分别采用上述 4 种模型对其进行反演，则各模型反演值的相对误差如图 4-13～图 4-18 所示。

图 4-13～图 4-18 表明，对于总磷，单波段模型、波段组合模型和最小二乘支持向量机模型的平均相对误差分别为 80.96%、65.02%和 55.76%，而偏最小二乘回归模型的平均相对误差为 13.81%，且仅有 1 个反演点相对误差大于 20%，单波段回归模型和波段组合回归模型误差大于 20%的点超过 10 个，相对误差波动

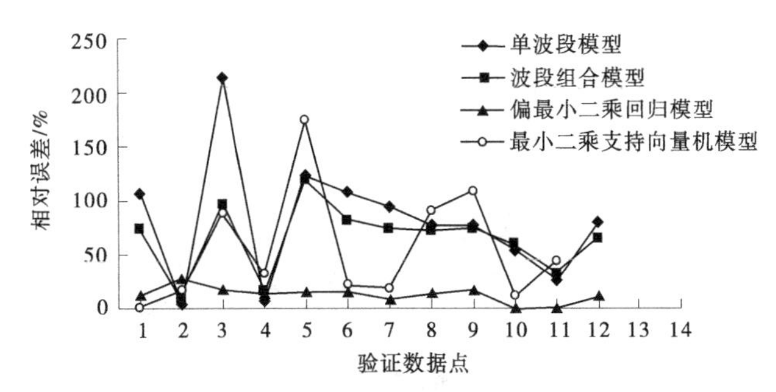

图 4-13 春季总磷模型相对误差对比

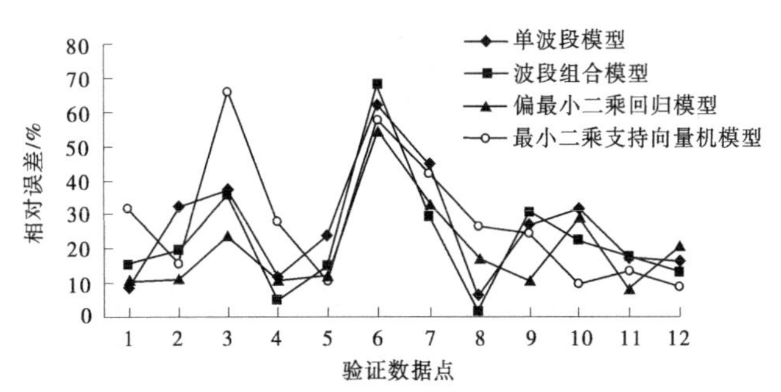

图 4-14 春季透明度模型相对误差对比

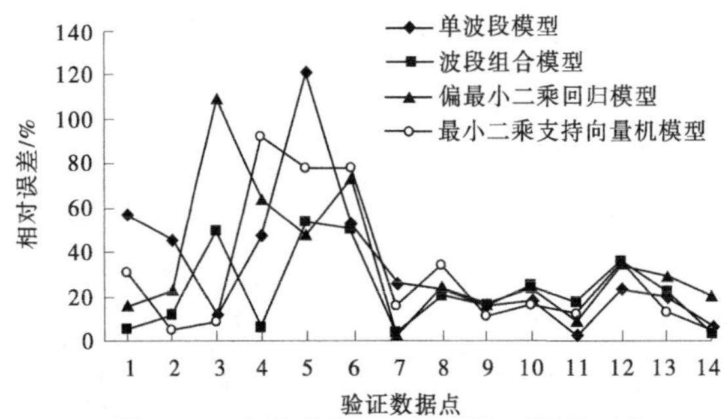

图 4-15 春季叶绿素 a 模型相对误差对比

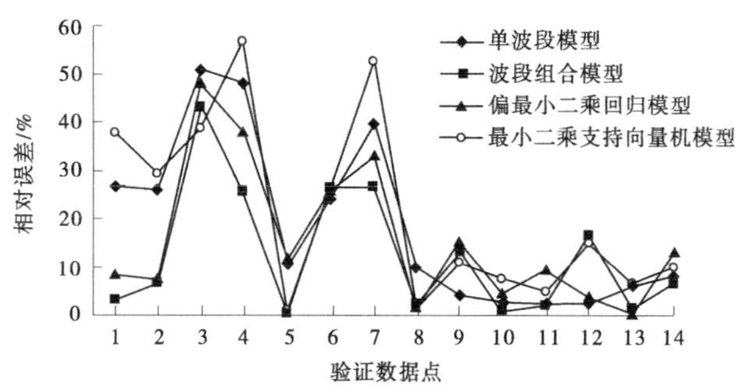

图 4-16　春季悬浮物模型相对误差对比

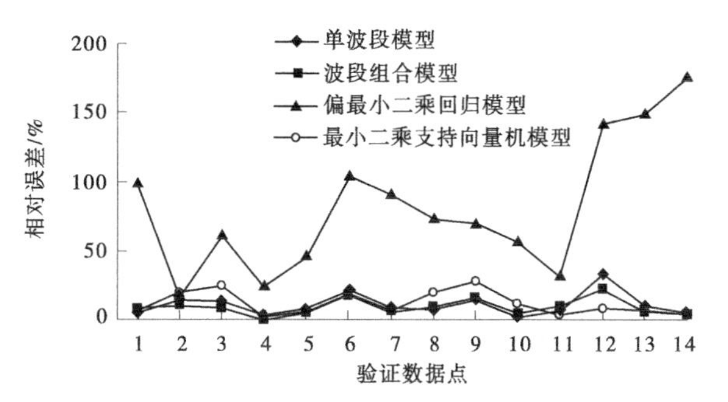

图 4-17　春季总氮模型相对误差对比

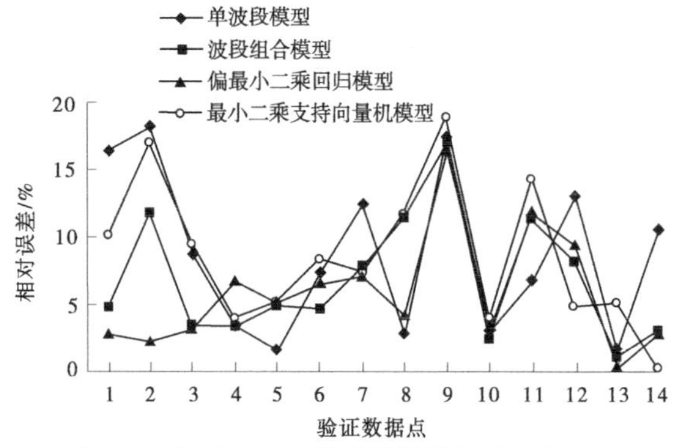

图 4-18　春季高锰酸盐指数模型相对误差对比

较大,最大相对误差值达 214%和 119.6%,前人反演效果较好的最小二乘支持向量机模型的最大相对误差也达到 173.74%;对于透明度,4 种模型的平均相对误差分别为 26.51%、22.82%、20.43%和 27.73%,但单波段模型和波段组合模型的最大相对误差达 62.15%和 67.85%,偏最小二乘回归模型的反演误差最小且波动范围相对其他模型不大,反演效果相对较好;对于高锰酸盐指数,4 种模型的平均相对误差均小于 20%,平均相对误差分别为 8.82%、6.83%、5.87%和 8.62%;对于悬浮物,单波段模型、波段组合模型和偏最小二乘回归模型的平均相对误差均小于 20%,平均相对误差分别为 18.7%、12.43%和 15.71%,而最小二乘支持向量机模型的平均相对误差超出 20%的误差范围,其中波段组合模型误差最小且反演点误差仅有 4 点超过 20%,波段组合模型反演精度相对于其他模型较高;对于总氮,最小二乘支持向量机模型平均相对误差超过 61.63%,其中 14 个反演点仅 1 个未超过 20%,反演模型效果极差,而波段组合模型的平均相对误差仅为 8.35%,反演精度较高;对于叶绿素 a,4 种模型的平均相对误差均超过 20%,波段组合模型平均相对误差为 22.79%,相对较小,其余模型的平均相对误差均超过 30%,且最大相对误差分别达 121.32%、109.38%和 91.70%。

因此,综合以上分析,偏最小二乘回归模型对于春季总磷、透明度和高锰酸盐指数的反演效果较好,而波段组合模型适合于春季悬浮物、叶绿素 a 和总氮含量的反演。

综上所述,由于单波段及波段组合模型效果不很理想,并且环境卫星数据的波段与波段之间、水质参数与水质参数之间具有多重相关性问题,考虑偏最小二乘方法及最小二乘支持向量机的优点,在对其原理分析的基础上,建立了叶绿素 a、悬浮物、透明度、高锰酸盐指数、总氮和总磷共 6 个参数的反演模型,并进行误差分析,以此选择辽宁省大面积集水域水质参数反演的最佳模型,为以后辽宁省大面积集水域水质反演提供试验基础。通过对最小二乘支持向量机模型、偏最小二乘回归模型与单波段模型和波段组合模型的对比研究,分析结果表明波段组合模型适用对夏季、春季具有显著光学特性的悬浮物、叶绿素 a 及水库主要污染物质氮的反演,而偏最小二乘回归模型适用于秋季水质参数及夏季、春季透明度、高锰酸盐指数和总磷 3 项水质参数的反演。

第 5 章　土地利用类型对水库水质的影响案例

5.1　大伙房水库叶绿素 a 时空变化

5.1.1　遥感影像数据统计分析

研究表明,水库水体内的营养盐含量在枯水期和丰水期存在显著性差异。而水体中营养盐含量的变化又会影响叶绿素 a 的浓度变化(杨洁,2016)。本章应用 ArcGIS 及 ENVI 等软件对研究区 2010~2019 年 4~10 月间的遥感监测结果进行预处理,根据水体面积变化情况将影像数据分为丰水期数据和枯水期数据两组,通过构建神经网络模型的方法反演水体叶绿素 a 的含量,针对水库枯水期及丰水期水体中叶绿素 a 浓度年际变化、季节变化、月变化、空间分布等方面展开分析研究,统计并总结大伙房水库水体叶绿素 a 浓度分布情况,全面掌握其变化情况和分布规律,并为下一步分析土地利用类型对叶绿素 a 浓度的影响打下基础。

2010~2019 年间,选用卫星对大伙房水库库区的监测景数共 70 景。影像可分为无效影像与有效影像。其中,无效影像是指存在大面积的云层遮挡的影像,共 7 景。此外,剔除波段值异常的影像,最终获得有效影像共 52 景。影像数据统计如表 5-1 所示。

表 5-1　影像数据统计　单位:景

年份	2010	2011	2012	2013	2014	2015	2016	2017	2018	2019	合计
丰水期	4	4	4	4	3	2	5	4	0	2	32
枯水期	0	2	2	0	3	5	0	3	4	1	20

5.1.2　叶绿素 a 空间分布变化分析

5.1.2.1　丰水期叶绿素 a 空间分布

通过将 2010~2019 年水库丰水期共 34 景叶绿素 a 浓度分布图进行叠加分析并求出其均值,得到十年间大伙房水库总的叶绿素 a 的浓度分布如图 5-1 所示。

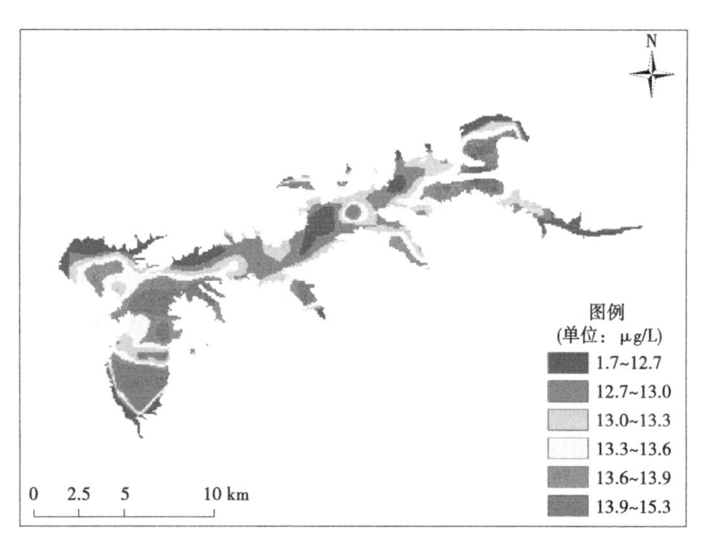

图 5-1　2010~2019 年水库丰水期叶绿素 a 浓度平均值分布

图 5-1 中显示,大伙房水库丰水期叶绿素 a 浓度空间分布差异显著,在不同区域,叶绿素 a 浓度差异较大。在陆地与水体的边缘岸线分布了一些叶绿素 a 浓度较低的像元,这是陆地混合像元产生的影响,故这部分不做讨论。从数值上看,大伙房水库的叶绿素 a 浓度平均值分布区间为 1.7~15.3 μg/L,处于中营养状态,呈现富营养化趋势。而且大部分像元点的叶绿素 a 浓度集中在 12.5~15.3 μg/L,占库区总面积的 88.1%。叶绿素 a 浓度较高的区域主要是社河入库口、浑河入库口及苏子河入库口附近,这可能是由于上游居民生活用水、工厂排污及农田灌溉等,河流带来了大量氮磷营养盐,浮游植物大量繁殖,从而导致反演出的叶绿素 a 的浓度较高。

库区整体叶绿素 a 浓度呈现上游、下游两端向中游递减的趋势。在社河入库口附近区域与坝前区域连成一片并向上游方向拓展形成了库区西南部大面积的高叶绿素 a 的浓度分布区,大部分像元的叶绿素 a 浓度值在 13 μg/L 以上。这可能是因为靠近岸边的部分存在大面积湿地,所以这些区域的叶绿素 a 含量明显偏高。此外,水库内弯处也存在叶绿素 a 浓度最大值,这可能是由于内弯处水体流动较缓,且距离岸边较近,易受人类活动影响。水库中游在全库区范围来看,叶绿素 a 浓度最低,小于 12.6 μg/L,处于中营养水平。总体来说,大伙房水库水体处于中营养状态,但有富营养化趋势。

在同一坐标系下,叠加求得 10 年间水库丰水期共 34 景叶绿素 a 浓度分布的最小值分布和最大值分布如图 5-2 所示。图 5-2(a)为最小值分布,图 5-2(b)为最大值分布。

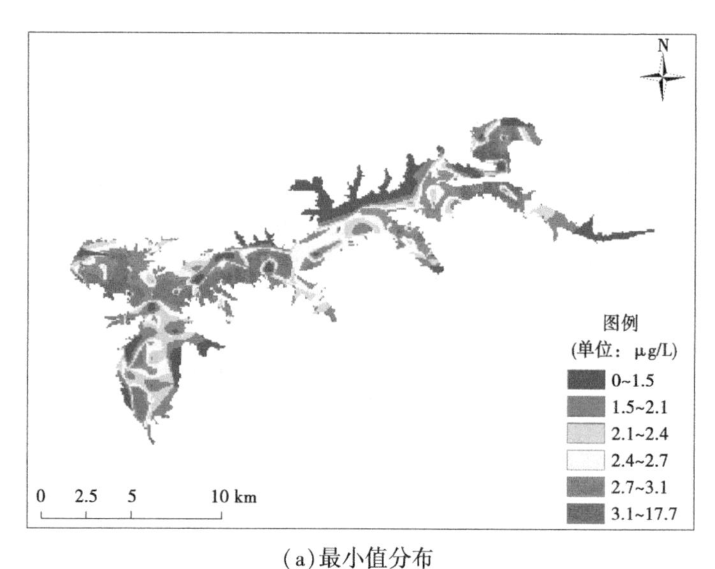

(a)最小值分布

(b)最大值分布

图 5-2　2010~2019 年水库丰水期叶绿素 a 浓度最小值、最大值分布

最小值超过 3 μg/L 的区域占库区总面积的 8. 70%。主要分布在库区下游交汇处及坝前区域,在浑河入库口和社河入库口附近也有少量分布。在这些区域,叶绿素 a 浓度最小时也已经达到了中营养状态,故这些区域十年间几乎一直处于中富营养状态。由于受混合像元误差影响,岸线边缘处也有零星分布,占总面积的 1. 60%,这部分无效数据不做讨论。整体上,叶绿素 a 浓度最小值主要处于 0~3. 2 μg/L 数据段内,占库区总面积的 65. 26%,水质较好。

在最大值分布图中,叶绿素 a 浓度小于 9. 4 μg/L 的像元基本都在岸边地带,多是混合像元误差导致的,并非有效数据。叶绿素 a 浓度大于 11. 0 μg/L 的区域占库区总面积的 70. 73%。叶绿素 a 浓度大于 27. 4 μg/L 的区域主要分布在水库上游南侧内弯及浑河入库口附近,苏子河入库口及社河入库口也有零星分布,占库区总面积的 16. 18%。整体上,叶绿素 a 浓度最大值呈现从上游到下游依次递减的趋势。

5. 1. 2. 2　**枯水期叶绿素 a 空间分布**

通过将 2010~2019 十年间水库枯水期共 24 景叶绿素 a 浓度分布图在同一坐标系叠加并求得均值,得到十年间大伙房水库总的叶绿素 a 浓度分布如图 5-3 所示。

图 5-3 中显示,大伙房水库枯水期叶绿素 a 浓度平均值分布的空间差异较小,浓度区间为 1. 3~16. 4 μg/L,叶绿素 a 浓度平均值在 10. 4~13. 4 μg/L 的区域占全库区总面积的 78. 63%。从数值上看,浑河入库口、社河入库口、苏子河入库口附近区域及部分坝前区域构成了叶绿素 a 浓度平均值最大区域,为 11. 3~16. 4 μg/L,这与丰水期的分布情况相一致。水库中游叶绿素 a 浓度较其他区域有所降低,在 8. 8~10. 4 μg/L。

库区整体叶绿素 a 浓度呈现上游、下游两端向中游递减的趋势。叶绿素 a 浓度平均值分布的区间范围大于丰水期,两者叶绿

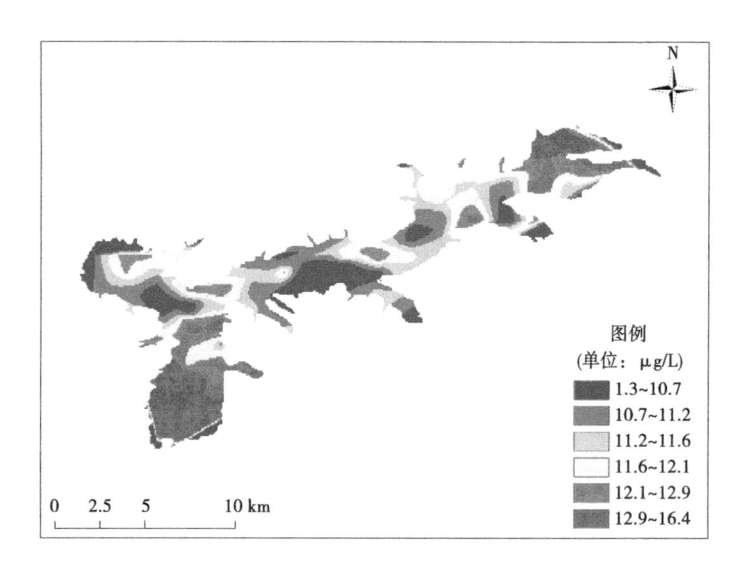

图 5-3　2010~2019 年水库枯水期叶绿素 a 浓度平均值分布

素 a 浓度平均值均呈现大部分集中分布在某一区间段的情况，总体上枯水期叶绿素 a 平均浓度要明显小于丰水期叶绿素 a 平均浓度。

图 5-4 为十年间大伙房水库枯水期叶绿素 a 浓度最小值和最大值的分布。图 5-4(a) 中叶绿素 a 浓度分布区间为 0. 2 ~ 3. 7 μg/L。从数值上看，叶绿素 a 浓度处于 3. 0 μg/L 以下的区域占库区总面积的 99. 22%，大于 3. 0 μg/L 的叶绿素 a 浓度最小值出现在苏子河入库口附近区域、水库中游北岸部分区域及社河入库口附近区域。总体上，叶绿素 a 浓度最小值呈现明显的渐变规律，即从库区上游到下游逐渐降低。可见，十年间大伙房水库枯水期时的水体并非一直呈现富营养化趋势。

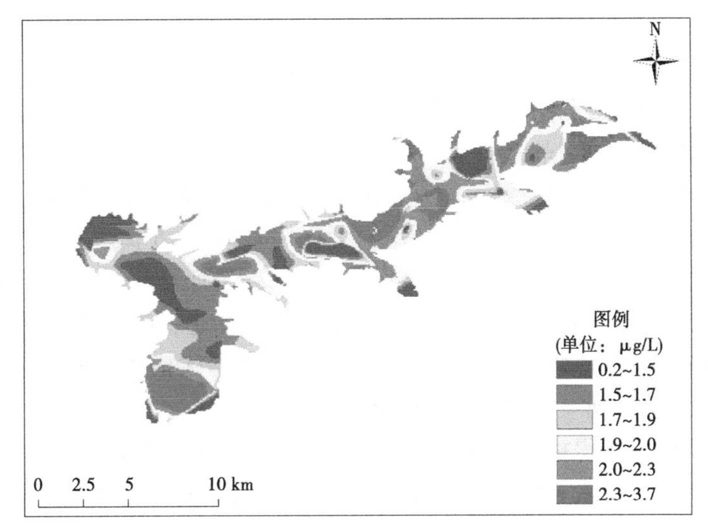

(a)最小值分布

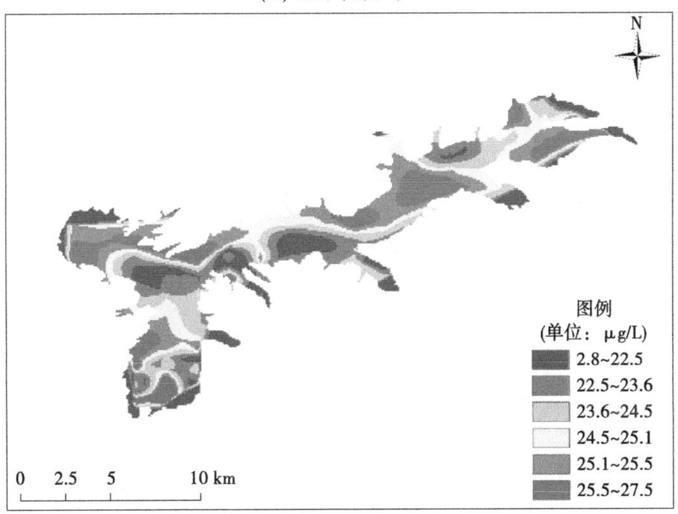

(b)最大值分布

图 5-4　2010~2019 年水库枯水期叶绿素 a 浓度最小值、最大值分布

图 5-4(b) 中叶绿素 a 浓度小于 15. 9 μg/L 的像元基本位于岸线的边缘地带,大多是混合像元产生的误差导致的,并不是真实数据,故不做讨论。库区整体的叶绿素 a 浓度最大值在 19. 5～27. 5 μg/L 内均有分布,且空间分布较为均匀。整体来看,库区中下游水面较为开阔,叶绿素 a 最大值相对于其他区域较低,在 19. 5～23. 6 μg/L。叶绿素 a 浓度最大值多在 24. 9～27. 5 μg/L 内,占库区总面积的 40. 5%,主要分布在坝前区域、浑河入库口、社河入库口、苏子河入库口及库区中下游靠近北侧的岸边,在其他区域也有零星分布。总之,大伙房水库叶绿素 a 浓度最大值在数值上差异较小,但呈现一定的区域分异规律。

分别求得枯水期数据与丰水期数据十年间变化的标准差,然后利用叶绿素 a 浓度平均值分布图和标准差分布图的比值得到不同时期库区的变异系数 C_v 图,见图 5-5。

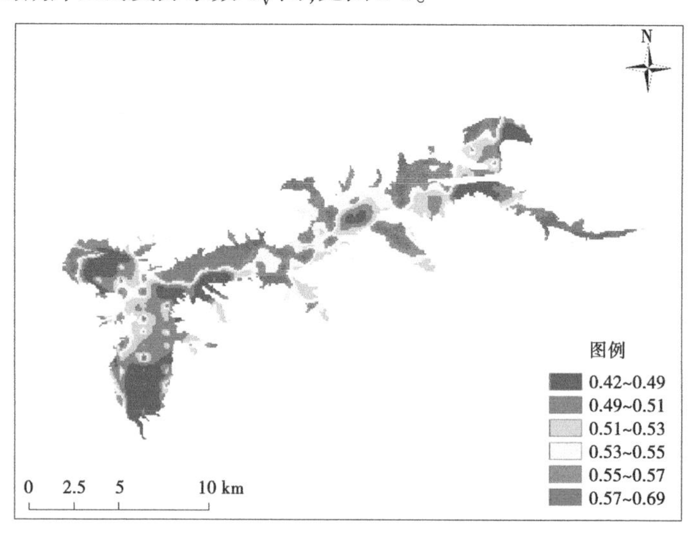

(a) 丰水期变异系数

图 5-5　2010～2019 年水库丰水期、枯水期叶绿素 a 变异系数分布

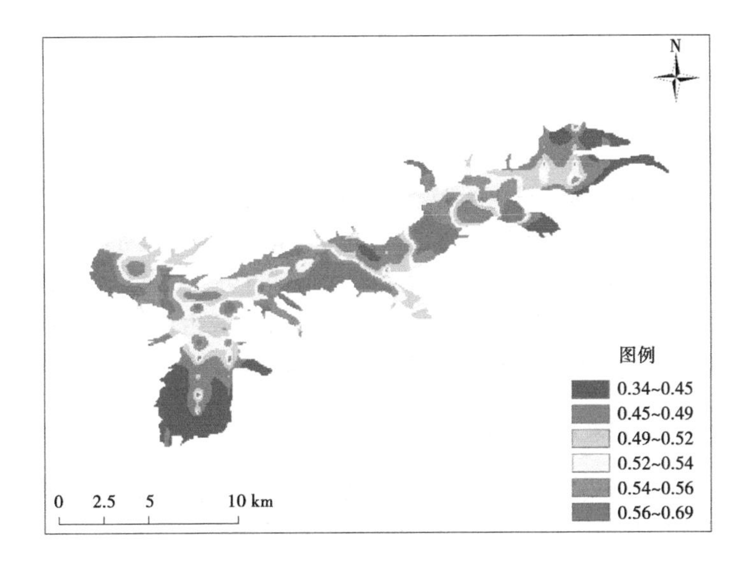

(b)枯水期变异系数

续图 5-5

图 5-5(a)为丰水期变异系数 C_v 图,图 5-5(b)为枯水期变异系数 C_v 图。从图 5-5 中可以看出,在丰水期,库区中上游、下游部分区域、坝前部分区域及苏子河入库口附近变异系数较大,最大可达 68.93%。浑河入库口附近、社河入库口附近及坝前部分区域变异系数较小,最小为 42.20%。这表明在库区中上游、下游部分区域、坝前部分区域及苏子河入库口附近叶绿素 a 浓度十年间变化较小,其余区域则变化较大。对比丰水期的叶绿素 a 浓度平均值分布图,可以看出叶绿素 a 的变异系数分布与叶绿素 a 本身的分布并不是相对应的关系。

从图 5-5(b)可以看出,在枯水期,库区中游、上游部分区域及坝前部分区域变异系数较大,最大达 69%。浑河入库口、苏子河入库口、社河入库口附近变异系数较小,最小为 34.04%。这表明在枯水期,河流入库口附近区域叶绿素 a 浓度变化幅度较小。对比枯水期的叶绿素 a 浓度平均值分布图,表现为叶绿素 a 浓度高的区域通常对应较低的变异系数。

总体而言,2010~2019 年十年间大伙房水库的叶绿素 a 分布呈现上游至下游递减的变化趋势,相对于丰水期,枯水期的整体叶绿素 a 含量区域分异更为明显,叶绿素 a 浓度最大值与最小值均出现在丰水期,分别为 35.1 μg/L 和 0。丰水期叶绿素 a 浓度平均值在 11.5 μg/L 以上的区域占库区总面积的 95.81%,而枯水期叶绿素 a 浓度平均值在 11.5 μg/L 以上的区域占库区总面积的 61.24%,由此可见在丰水期库区的叶绿素 a 浓度相对偏高。

5.1.3 叶绿素 a 年际变化分析

气候、污染物排放多少以及人类活动变化均会影响藻类和浮游植物繁衍与生长,进而导致在不同年份叶绿素 a 浓度差距较大。由于枯水期时水体面积较小,为方便进行叠加分析,以水体面积最小时的矢量边界为准进行计算。本书通过计算十年间叶绿素 a 浓度每一年变化的标准差,得到叶绿素 a 年变化标准差后,根据其求出十年标准差的均值得到十年间叶绿素 a 浓度总变化的标准差,如图 5-6 所示,用来反映十年间大伙房水库叶绿素 a 含量总体变化。另外,计算出每一年的叶绿素 a 浓度平均值,在此基础上求出十年叶绿素 a 浓度平均值的标准差,如图 5-7 所示,用来反映叶绿素 a 浓度的年际变化情况。

首先对十年间大伙房水库叶绿素 a 浓度的总体变化进行分析,从图 5-6 中可以看出,叶绿素 a 浓度标准差在 1.17~7.36 μg/L 均有分布,叶绿素 a 浓度标准差在 5 μg/L 以下的点主要分布在坝前区域及社河入库口附近区域,在库区上游和下游也有零星分布,占库区总面积的 13.03%。而库区中游、下游北岸及坝前部分区域叶绿素 a 浓度标准差最大,特别是库区中下游的部分区域,基本都在 6 μg/L 以上,这表明在这些区域十年间的叶绿素 a 浓

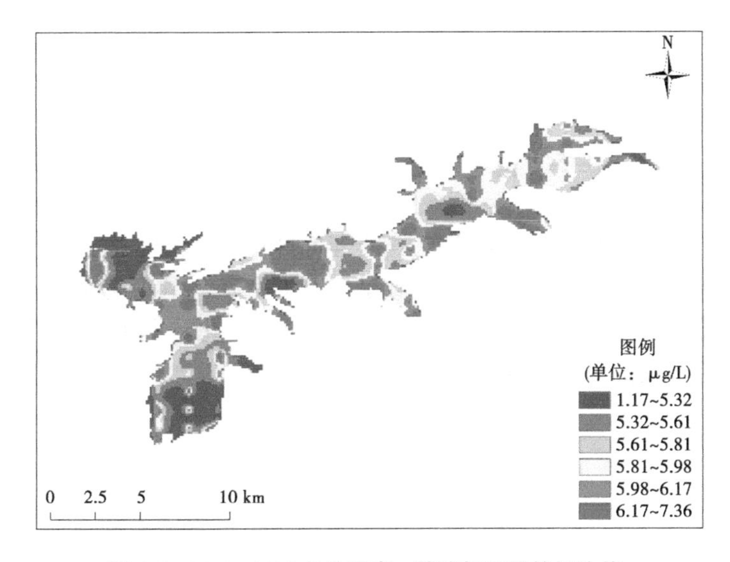

图 5-6　2010~2019 年叶绿素 a 浓度标准差的平均值

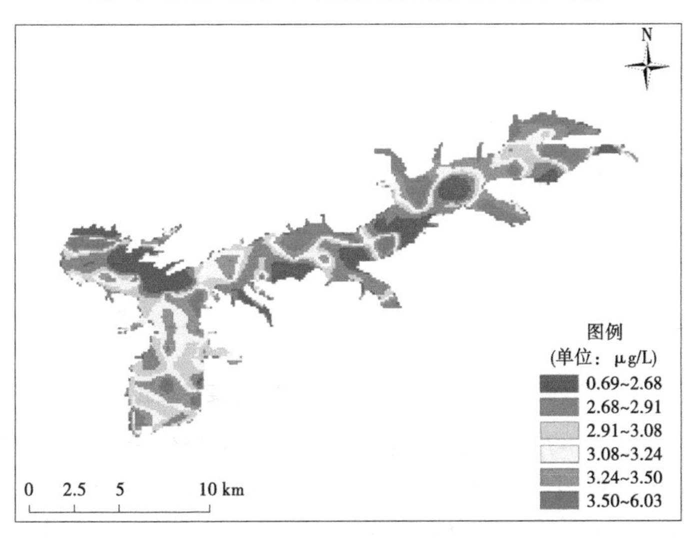

图 5-7　2010~2019 年叶绿素 a 浓度平均值的标准差

度发生了较大的变化。浑河入库口与苏子河入库口的水流交汇处标准差也达到了 5.9 μg/L 以上，也是叶绿素 a 浓度变化较大的区域。库区西南部的叶绿素 a 浓度变化幅度相较于东北部有所降低，大部分在 5.7 μg/L 以下。大多数区域的标准差集中在 5.2~6.3 μg/L 区间段，占库区总面积的 79.65%。图 5-8 为十年间叶绿素 a 浓度平均值分布，与十年间叶绿素 a 浓度总变化的标准差相对比，可以看出二者大致呈负相关关系，平均值越大对应的标准差越小，说明叶绿素 a 浓度较高的区域变化较小，中营养及轻富营养化的水体区域较为固定。

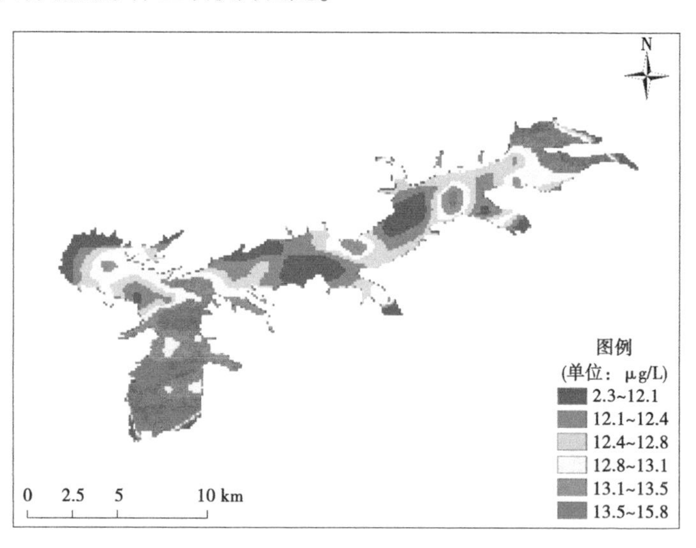

图 5-8　2010~2019 年叶绿素 a 浓度平均值

通过图 5-7 可以对叶绿素 a 浓度的年际变化情况进行分析。从数值上看，十年间叶绿素 a 浓度平均值的标准差处于 0.7~6.0 μg/L 内。最大值主要分布在浑河入库口及苏子河入库口附近，此外，在中上游也有零星分布。这些区域的标准差均大于 4 μg/L，占库区总面积的 5.79%。其中,库区中游北岸部分区域及苏子河入库口附近变化最大,达到 5 μg/L 以上。大多数区域的标准差集中在 2.5~3.8 μg/L,占库区总面积的 85.22%。相较于十年间的总变化,年际变化幅度较小。年度变化最小的区域为坝前部分区域及中上游南岸的部分区域,这些区域基本上均低于 2.5 μg/L。占库区总面积的 9.51%。总之,除浑河入库口、苏子河入库口附近部分区域及中上游部分区域外,大伙房水库大部分库区的叶绿素 a 浓度年际变化幅度较小,且年际变化的区域分布特征并不明显。

通过对 2010~2019 年大伙房水库叶绿素 a 浓度年度平均值、最小值、最大值和标准差进行统计,对大伙房水库十年间叶绿素 a 浓度变化情况进行分析,如图 5-9 所示。其中,叶绿素 a 浓度平均值曲线反映了叶绿素 a 浓度的年际变化趋势,最大值和最小值曲线反映了叶绿素 a 年际极值变化趋势,而标准差曲线则反映了在不同年度叶绿素 a 浓度年内变化情况。

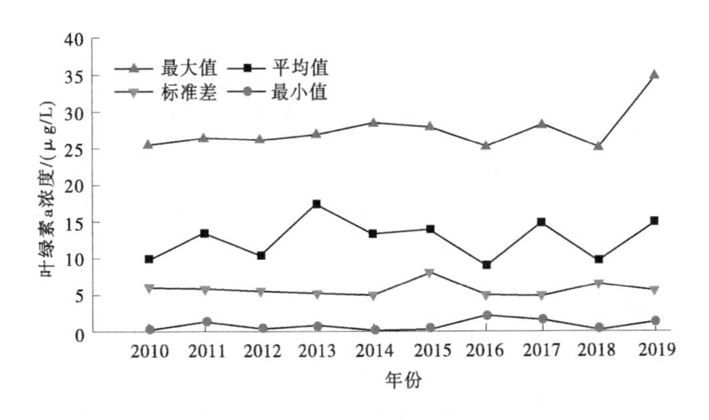

图 5-9　2010~2019 年叶绿素 a 浓度最大值、最小值、标准差及平均值折线图

图 5-9 所示的 4 条曲线在 2010~2015 年间变化较为平缓,

2015 年后最大值、平均值和标准差曲线趋势大致均呈“W”走向，且曲线变化基本呈正相关趋势，而最小值曲线在 2015 年后则表现出先上升后下降趋势。2010～2019 年，大伙房水库叶绿素 a 浓度在 8.9～17.4 μg/L 波动，平均值曲线波动幅度最大；2010～2013 年呈现曲折上升趋势，在 2013 年达到最大值 17.4 μg/L；此后直至 2019 年，叶绿素 a 浓度并未表现出明显变化趋向。标准差最大值曲线从 2010～2015 年整体呈现上升趋势，在 2014 年达到第一个峰值 28.4 μg/L，在 2015 年略有降低；标准差曲线在 2010～2014 年整体呈下降趋势，说明这四年年内叶绿素 a 浓度变化幅度逐渐降低；在 2015 年达到峰值 8.1 μg/L，是十年中叶绿素 a 浓度年内变化幅度最大的一年。虽然最大值、平均值、标准差 3 条曲线在 2015 年以后大致都呈“W”走向，但它们的峰谷特征略有不同，最大值和平均值的第二个峰值均出现在 2017 年，在 2016 年和 2018 年均出现谷值；标准差的第二个峰值则出现在 2018 年，谷值同样出现了推迟，出现在 2017 年和 2019 年。最小值曲线波动较小，2010～2019 年，以 2013 年为界限，曲线趋势先呈“N”走向随后呈“W”走向，整体上，并无明显变化趋向。

总体上，大伙房水库叶绿素 a 浓度较为稳定，年际变化未呈现明显上升趋势，年内变化幅度呈现逐渐降低的趋势。

图 5-10 为 2010～2019 年共十年每年的叶绿素 a 浓度平均值分布。图 5-10 中颜色越红的区域叶绿素 a 浓度越高，颜色越蓝的区域叶绿素 a 浓度越低。

5.1.4 叶绿素 a 季节变化分析

水体中浮游植物及藻类的生长需要适宜的光照与温度条件，随着季节变化，光照强度和气温环境也发生着改变，这些环境条件对浮游植物和藻类的生长与消亡起到了至关重要的作用，水体中的叶绿素 a 浓度也会随之增减。因此，本书对不同季节大伙房水库叶绿素 a 浓度的变化情况进行了研究，将月份按照季节划分如

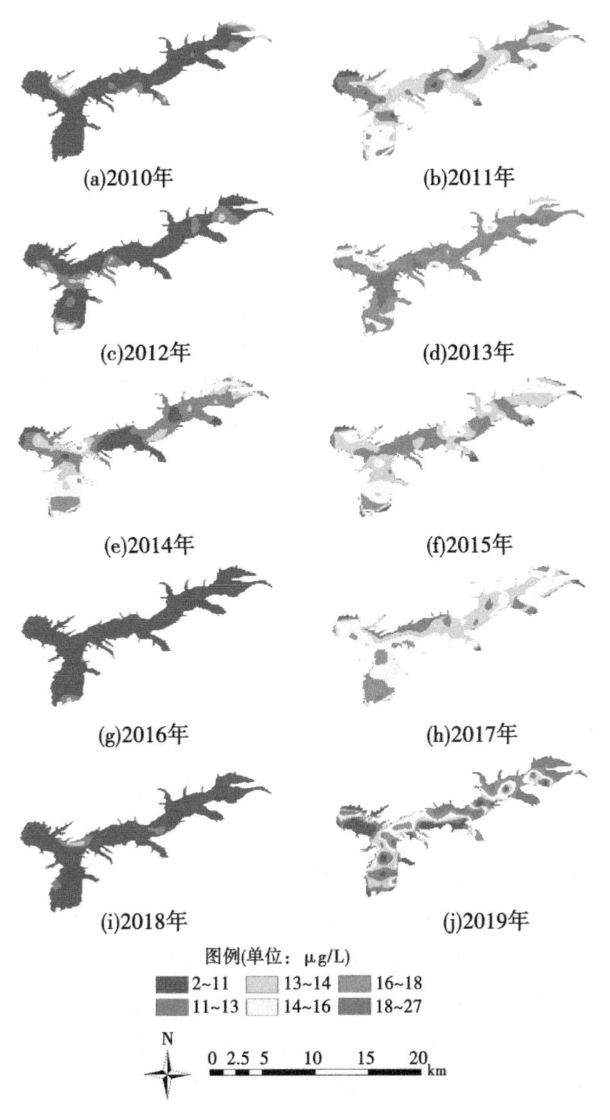

图 5-10　2010~2019 年每年叶绿素 a 浓度平均值分布

下:4 月、5 月为春季,6 月、7 月、8 月为夏季,9 月、10 月为秋季。在冬季遥感影像由于受冰面反射率影响,叶绿素 a 浓度反演会产生较大误差,这里不做讨论。

图 5-11 对 2010~2017 年间大伙房水库春、夏、秋三个季节叶绿素 a 浓度变化情况进行了统计,由于 2013 年、2018 年和 2019 年只获取到两个季节的数据,这里不做讨论。从图 5-11 中可以看出,在 2011 年、2012 年、2014 年、2016 年,叶绿素 a 浓度具有相同的变化趋势,春季最高,夏季"开始"降低,秋季达到最低水平。以一年为周期呈明显周期性波动。在 2015 年和 2017 年,叶绿素 a 浓度变化趋势则完全相反,具体表现为春季叶绿素 a 浓度最低,夏季开始升高,秋季达到最高水平。在 2010 年,叶绿素 a 浓度变化曲线呈"V"走向,春季最高,夏季降到最低,秋季又开始升高。同样的季节在不同的年内,叶绿素 a 含量并不固定,且存在部分异常值,具体情况见图 5-12。

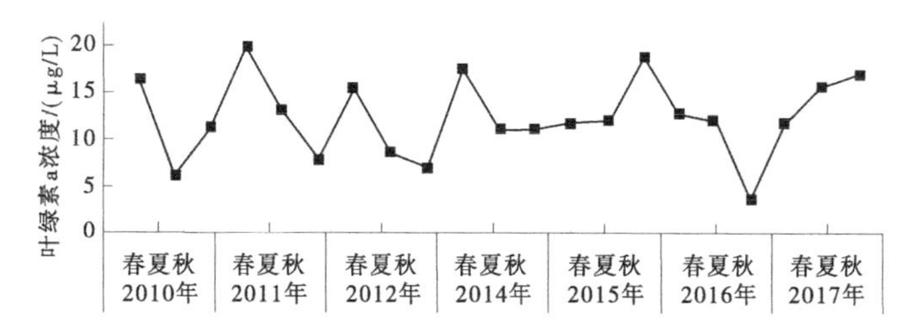

图 5-11 2010~2017 年大伙房水库春、夏、秋三季叶绿素 a 浓度变化折线图

图 5-12 为相同季节在 2010~2017 年间叶绿素 a 含量变化,能够更加清晰地呈现出在同一季节十年间的叶绿素 a 浓度变化和不同季节叶绿素 a 浓度的差异。总的来说,春季的叶绿素 a 浓度最高,其次是夏季,秋季最低。春季的是秋季叶绿素 a 浓度的 2~3 倍,季节分异性较为显著。从图 5-12 中可以看出,部分年份中的部分季节出现了异常数据,比如 2010 年、2015 年及 2017 年秋季

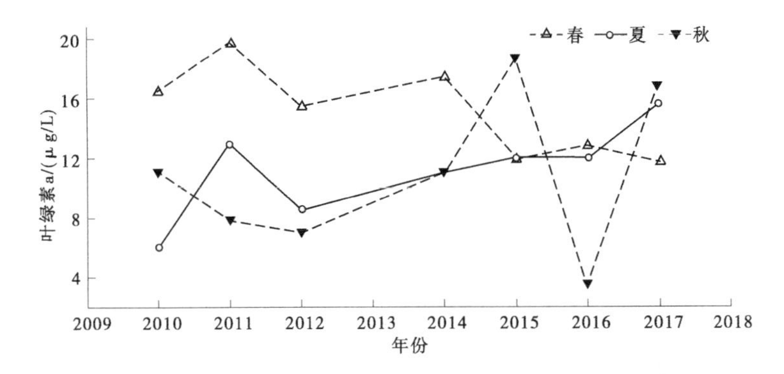

图 5-12　2010~2017 年大伙房水库叶绿素 a 季节变化

的叶绿素 a 浓度超过了夏季,2014 年夏季和秋季的叶绿素 a 浓度几乎相同,2017 年夏季的叶绿素 a 浓度超过了春季。单独来看,春季叶绿素 a 浓度在 2011 年出现第一个极值 19.8 μg/L,接着 2012 年降低至 15.4 μg/L,随后开始上升,在 2014 年达到第二个极值 17.4 μg/L,在 2015 年有所下降,2016 年小幅上升后又开始下降;春季叶绿素 a 浓度波动较大,总体呈现下降趋势。夏季叶绿素 a 浓度在 2010 年最低,为 6.0 μg/L,接着开始升高,在 2011 年达到第一个极值 13.0 μg/L,随后开始下降,从 2012~2017 年呈缓慢上升趋势;总体来说,夏季叶绿素 a 浓度变化较为平缓。秋季叶绿素 a 浓度变化呈"W"走向,从 2010~2012 年呈下降趋势,2012~2015 年呈上升趋势,2015~2016 年又开始下降,2016~2017 年再次上升;总的来说,秋季叶绿素 a 浓度变化波动较大,无明显上升或下降趋势。

总之,大伙房水库叶绿素 a 浓度季节变化趋势较为明显,不同季节在十年间显示出不同的变化趋势,春季叶绿素 a 浓度呈下降趋势,夏季叶绿素 a 浓度呈上升趋势,秋季叶绿素 a 浓度变化波动较大,无明显趋势。

将 2010~2019 年共十年的大伙房水库春、夏、秋三个季节的叶绿素 a 浓度分别叠加求得各个季节十年间叶绿素 a 浓度平均值的分布，如图 5-13～图 5-15 所示。

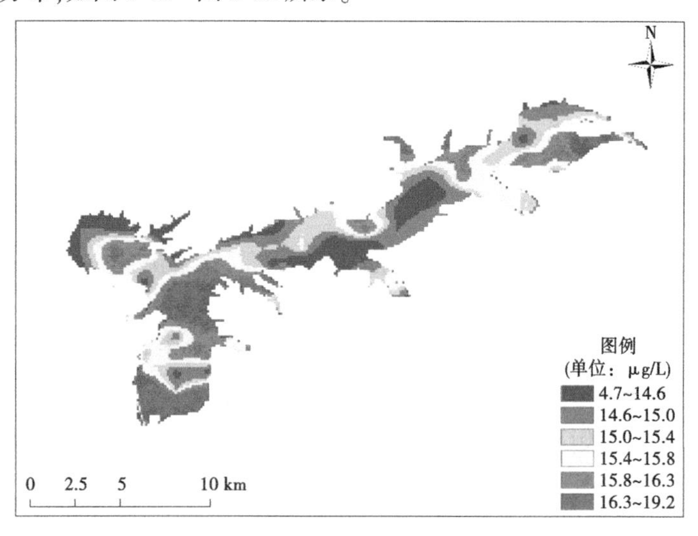

图 5-13　2010～2019 年春季叶绿素 a 浓度平均值分布

首先对不同季节叶绿素 a 浓度平均值的分布情况进行分析，可以发现大伙房水库叶绿素 a 浓度最低的季节是秋季，这也与折线图显示结果相一致。春季大伙房水库的叶绿素 a 浓度最高，主要集中在 14.4～16.4 μg/L，占库区总面积的 77.07%。最大值主要分布在社河入库口附近和苏子河入库口附近，这些区域的叶绿素 a 浓度值大部分在 16.4 μg/L 以上。大伙房水库夏季的叶绿素 a 浓度也相对较高，但是相比于春季有所降低，图中大于 14.4 μg/L 的区域大面积缩减，所占库区面积从 77.07%下降至 2.65%。只在社河入库口、浑河入库口和苏子河入库口附近有少量分布，大部分库区的叶绿素 a 浓度在 10.4～12.9 μg/L。在秋季，叶绿素 a 浓度达到最低，库区大面积水体的叶绿素 a 浓度主要在 8.8～11.0 μg/L，占库区总面积的 85.07%；叶

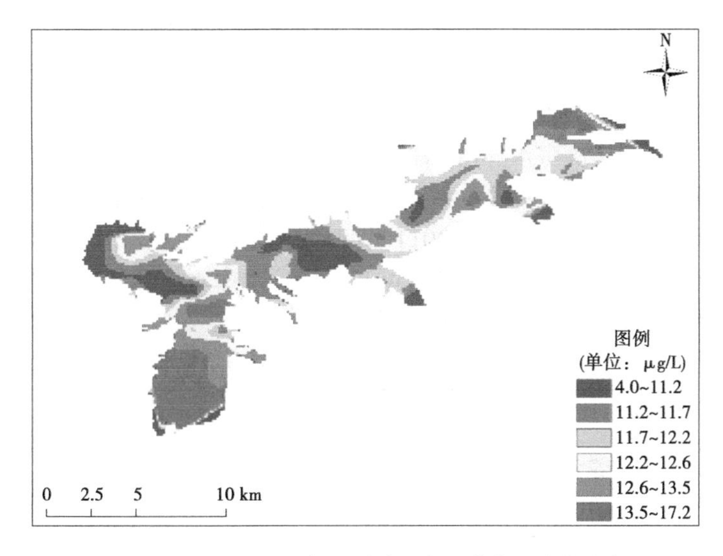

图 5-14　2010~2019 年夏季叶绿素 a 浓度平均值分布

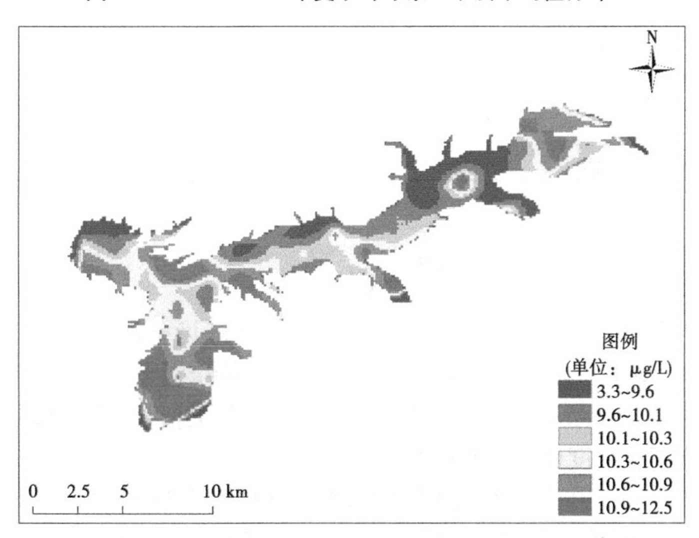

图 5-15　2010~2019 年秋季叶绿素 a 浓度平均值分布

绿素 a 浓度在 11.0~12.5 μg/L 区间内的区域较少，主要分布在社河入库口附近和库区下游北岸的部分区域，在库区上游也有零星分布，占库区总面积的 12.45%。

总之，大伙房水库叶绿素 a 季节图表示出了明显的季节分异规律，即春季叶绿素 a 浓度最高，夏季和秋季叶绿素 a 浓度依次降低。根据高阳俊等(2011)针对我国东部湖区提出的富营养化控制分级标准(见表 5-2)，可知大伙房水库水体总体处于中营养状态，且具有轻富营养化趋势。

表 5-2　基于叶绿素 a 的富营养化分级标准

营养分级	标准分级	叶绿素 a/(μg/L)
贫营养	Ⅰ	<1.6
中营养	Ⅱ	1.6~10
轻富营养	Ⅲ	10.0~26
中富营养	Ⅳ	26.0~64
重富营养	Ⅴ	64.0~160
极端富营养	劣Ⅴ	>160

5.1.5　叶绿素 a 月变化分析

在一年 12 个月中，温度、降水、光照等环境条件均在不断变化，这些变化会对浮游植物和藻类的生长周期产生影响，间接影响着水体中叶绿素 a 浓度的变化。与季节变化类似，大伙房水库的叶绿素 a 浓度也存在着显著的月变化规律。

将同一月份在不同年份(2010~2019 年)的叶绿素 a 浓度值做平均，得到十年间大伙房水库叶绿素 a 浓度的月平均分布图(见图 5-16)。红色表示叶绿素 a 浓度较高，主要分布在社河入库口、浑河入库口及苏子河入库口附近区域,这三个区域除 9 月外其他所有月份的叶绿素 a 浓度均处于较高水平。随着时间变化,叶绿素 a 浓度较高的区域在库区中游也有零散分布。在 4~7 月及 10 月,社河入库口与坝前区域交汇处叶绿素 a 浓度也较高。整体来看,4~10 月叶绿素 a 浓度呈逐渐降低趋势,这也与季节变化结论相一致。总之,大伙房水库叶绿素 a 月浓度分布情况展示出显著的月变化规律。

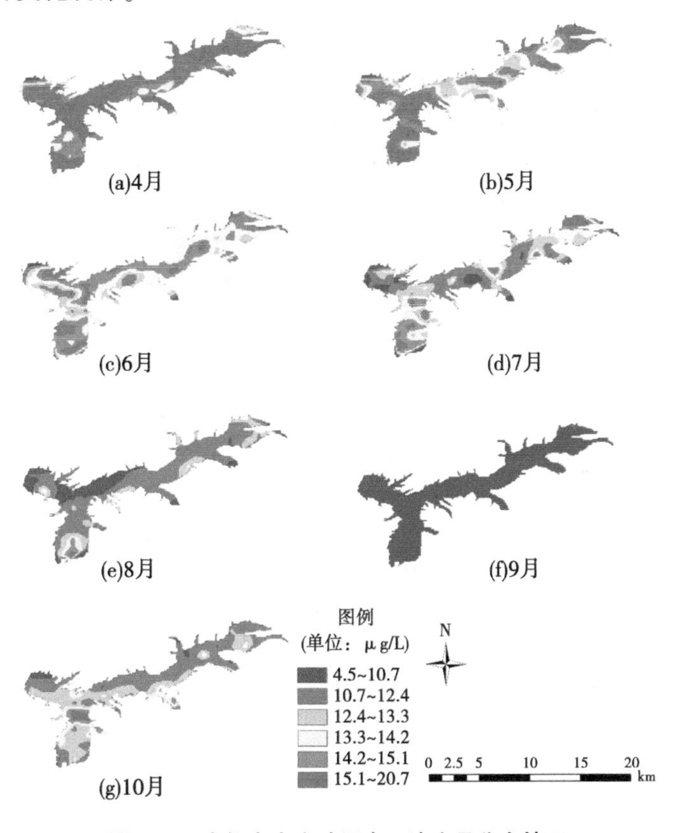

图 5-16　大伙房水库叶绿素 a 浓度月分布情况

5.2　水库周围土地利用变化

5.2.1　土地利用类型分类体系构建

本书结合对土地利用分类与叶绿素 a 浓度响应研究的需要，以大伙房水库为中心，建立一矩形区域作为研究区，采用一级土地分类类型对研究区进行分类，目前对土地利用类型进行分类主要有两种方法，分别是监督分类和非监督分类。本书采用支持向量机监督分类法，根据已知像元对未知像元进行识别，土地利用类型分类标准见表 5-3。通过对 2010 年、2012 年、2014 年、2016 年和 2018 年的影像进行解译和分类，绘制出十年间研究区的土地利用情况，如图 5-17 所示。

表 5-3　土地利用类型分类标准

类型	代码	分类标准
耕地	1	指种植农作物的土地，包括熟耕地、新开荒地、休闲地、轮歇地、草田轮作物地等
林地	2	指生长乔木、灌木、竹类及沿海红树林地等林业用地
水域	3	指天然陆地水域和水利设施用地
建设用地	4	指城乡居民点及其以外的工矿、交通等用地

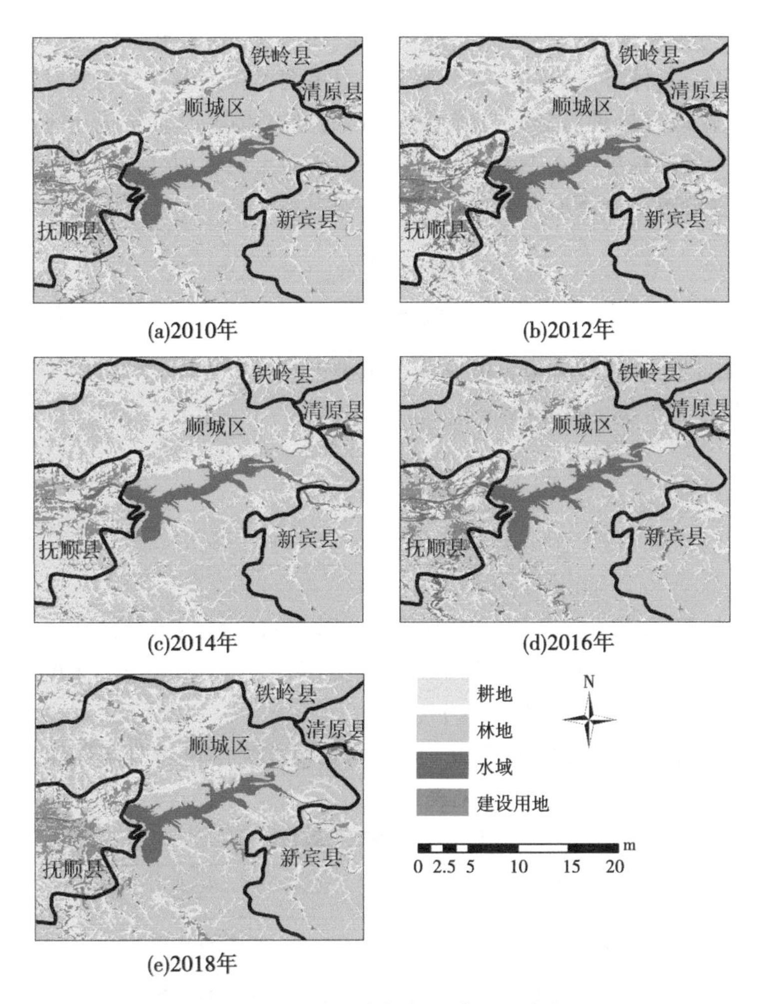

图 5-17　研究区十年间土地利用分类

5.2.2　精度评价及分类后处理

受遥感影像的空间分辨率和不同土地利用类型的光谱信息影

响,分类结果存在一定的误差。因此,在监督分类后还需进行人工校正。具体方法为利用高分辨率的卫星图等相关图件进行目视解译,修改并处理监督分类结果中存在的分类错误,从而提高土地利用分类的精度。本书通过计算混淆矩阵对土地利用分类结果进行精度分析。计算所需参数计算方法如下:

$$P_a = \frac{\sum_{i=1}^{r} x_{ii}}{N} \tag{5-1}$$

式中:P_a 为总体分类精度;r 为土地类型数;N 为样本总数;x_{ii} 为第 i 类正确分类的样本数。

$$K = \frac{P_0 - P_e}{1 - P_e} \tag{5-2}$$

$$P_e = \frac{a_1 \times b_1 + a_2 \times b_2 + \cdots + a_n \times b_n}{n^2} \tag{5-3}$$

式中:K 为 Kappa 系数;P_0 为观测一致年;P_e 为期望一致年;a_1,a_2,…,a_n 为每一类的真实样本个数;b_1,b_2,…,b_n 为分类出来的每一类样本个数;n 为总样本个数。

Kappa 系数的值介于 0~1,根据其值的大小可将分类结果的一致性划分为五个等级,见表 5-4。

表 5-4　Kappa 系数一致性等级

Kappa 系数	一致性
0~0.2	一致性极低
0.2~0.4	一致性一般
0.4~0.6	一致性中等
0.6~0.8	一致性极高
0.8~1	几乎完全一致

本书利用 ENVI 软件的 Confusion Matrix Using Ground Truth Image 功能进行精度评价,得到的精度评价结果如表 5-5 所示。

表 5-5 大伙房水库流域土地分类精度评价结果

年份	总体分类精度	Kappa 系数
2010	93.177%	0.877 8
2012	94.722%	0.862 5
2014	90.487%	0.804 7
2016	93.286%	0.878 9
2018	92.653%	0.858 3

由表 5-5 可知,十年间每年土地利用分类总体精度均在 90% 以上,Kappa 系数均在 0.800 以上,一致性极高。因此,分类结果质量较好,满足研究精度要求。

5.2.3 土地利用类型的时空变化分析

5.2.3.1 土地利用类型变化的时间差异

利用 ArcGIS 软件中的计算几何功能,对研究区 2010~2018 年每隔一年的各种土地利用类型的面积、面积百分比进行统计,统计结果见表 5-6。

表 5-6 研究区 2010~2018 年各土地利用类型面积

年份		2010	2012	2014	2016	2018
耕地	面积/km^2	458.72	551.47	641.92	441.33	560.72
	比例/%	27.60	33.18	38.64	26.56	33.74
林地	面积/km^2	1 027.63	927.90	851.12	1 019.25	924.30
	比例/%	61.84	55.83	51.23	61.34	55.62

续表 5-6

年份		2010	2012	2014	2016	2018
水域	面积/km^2	75.11	77.82	64.54	90.41	63.99
	比例/%	4.52	4.68	3.88	5.44	3.85
建设用地	面积/km^2	100.29	104.76	103.90	110.75	112.70
	比例/%	6.04	6.30	6.25	6.66	6.78

根据研究区 2010~2018 年各土地利用类型所占面积及百分比，分别计算出这九年间各土地利用类型的面积变化量如表 5-7 所示。

表 5-7　研究区九年间各土地利用类型面积变化　单位：km^2

年份	耕地	林地	水域	建设用地
2010~2012	92.75	-99.73	2.71	4.47
2012~2014	90.45	-76.78	-13.28	-0.86
2014~2016	-200.59	168.13	25.87	6.85
2016~2018	119.39	-94.95	-26.42	1.95

结合表 5-6、表 5-7 可以看出，研究区 2010~2018 年间土地利用类型变化最小的是建设用地，总体呈增长趋势，九年间面积增长了约 12.41 km^2。水域面积在 2010~2018 年呈波动变化，无明显趋势，这可能是水库存在枯水期和丰水期导致的。研究区 2010~2018 年间的各种土地利用类型中，林地所占面积最大，占总面积的 50%以上，但整体呈现减少趋势。九年间面积减少了约 103.33 km^2。耕地面积总体则呈现增长趋势，在 2010~2014 年增速较快，面积百分比由 27.6%增长到了 38.64%。2014~2016 年面积减少，面积百分比由 38.64%降到了 26.56%。2016 年以后又呈现增长

趋势，九年间面积增加了 102 km^2。

5.2.3.2　土地利用类型变化的空间转移分析

1. 空间转移分析方法

通过计算转移矩阵可以将土地利用类型变化特征及各类土地利用类型转移的方向清楚直观地表示出来，这也是对土地利用类型之间的相互转化关系进行分析时最常用的方法之一。本书选取二维矩阵作为转移矩阵进行计算，其表达式如下（朱会义等，2001）：

$$\boldsymbol{A}_{ij} = \begin{Bmatrix} A_{11} & A_{12} & \cdots & A_{1n} \\ A_{21} & A_{22} & \cdots & A_{2n} \\ \vdots & \vdots & & \vdots \\ A_{n1} & A_{n2} & \cdots & A_{nn} \end{Bmatrix} \tag{5-4}$$

式中，$\boldsymbol{A}_{ij}$ 为转移面积；i 和 j 分别为研究初期、研究末期的土地利用类型；n 为土地利用类型数量。

2. 土地利用类型转移的总体特征

在 ArcGIS 软件中对相邻两年的土地利用分类结果进行空间叠加分析，得到研究区 2010～2012 年、2012～2014 年、2014～2016 年和 2016～2018 年共 4 个阶段时期内土地利用各类型之间的相互转化关系，并计算出其百分比。

从表 5-8 可以看出，在 2010～2012 年间，研究区内的土地利用类型转移主要发生在耕地和林地与其他类型之间。耕地向林地转移了 39.84 km^2，转出率为 8.69%，此外，耕地向建设用地转移了 26.20 km^2，转出率为 5.71%。同时，耕地的转入量最大，达到了 167.74 km^2，主要转入源为林地，转入量大于转出量，这也是 2010～2012 年耕地面积减少的原因。林地的转出量最大，为 142.71 km^2。建设用地的转出率和转入率均最高，分别为 34.80% 和 37.47%，主要与耕地互相转移，转入量大于转出量有关。

表 5-8　大伙房水库流域 2010~2012 年各土地利用类型面积转移

2010 年	2012 年				
	耕地	林地	水域	建设用地	转出总量
耕地/km^2	383.71	39.84	8.93	26.20	74.97
比例/%	83.66	8.69	1.95	5.71	16.34
林地/km^2	129.22	884.91	4.45	9.04	142.71
比例/%	12.57	86.11	0.43	0.88	13.89
水域/km^2	6.20	2.00	62.95	3.96	12.16
比例/%	8.26	2.66	83.81	5.27	16.19
建设用地/km^2	32.31	1.10	1.49	65.39	34.90
比例/%	32.22	1.10	1.48	65.20	34.80
转入总量/km^2	167.74	42.93	14.87	39.19	—
比例/%	30.42	4.63	19.11	37.47	—

由表 5-9 可知，在 2012~2014 年间，在转移数量上，转出面积最大的是林地，为 147.30 km^2；其次是耕地，转出面积为 99.21 km^2；转出面积较少的是建设用地和水域，它们的转出面积分别为 41.06 km^2 和 22.21 km^2。水域的转入面积较少，为 8.86 km^2。从转移方向来看，林地转出量最大，主要转向为耕地；耕地主要向林地和建设用地转移；水域转出量最小，主要向耕地转移；建设用地主要向耕地转移。建设用地的转出率和转入率数值均最高，变动最大。

表 5-9　大伙房水库流域 2012~2014 年各土地利用类型面积转移

2012 年	2014 年				
	耕地	林地	水域	建设用地	转出总量
耕地/km²	452.67	61.64	4.89	32.67	99.21
比例/%	82.02	11.17	0.89	5.92	17.98
林地/km²	141.91	779.88	2.06	3.33	147.30
比例/%	15.31	84.11	0.22	0.36	15.89
水域/km²	10.88	6.81	55.67	4.52	22.21
比例/%	13.98	8.74	71.48	5.81	28.52
建设用地/km²	36.52	2.62	1.92	63.44	41.06
比例/%	34.95	2.51	1.83	60.71	39.29
转入总量/km²	189.32	71.07	8.86	40.52	—
比例/%	29.49	8.35	13.73	38.97	—

由表 5-10 可以看出，在 2014~2016 年间，转出量最大的土地类型较前段时期发生了变化，从林地变为了耕地，转出面积达到 258.98 km²，转出率为 40.35%，主要转为林地及建设用地。转出总量最少的是水域，转出面积为 5.64 km²。转出率最小的是林地，仅为总面积的 4.12%。林地主要向耕地和水域转移，建设用地主要向耕地转移。转入量最大的土地类型是林地，转入面积为 203.2 km²，远高于其转出量 35.07 km²。林地、水域及建设用地的增加都主要来源于耕地的转入。转入量最小的地类是水域。

表 5-10　大伙房水库流域 2014~2016 年各土地利用类型面积转移

2014 年	2016 年				
	耕地	林地	水域	建设用地	转出总量
耕地/km^2	382.90	194.45	16.23	48.30	258.98
比例/%	59.65	30.29	2.53	7.52	40.35
林地/km^2	22.99	815.85	10.24	1.85	35.07
比例/%	2.70	95.88	1.20	0.22	4.12
水域/km^2	2.76	1.93	58.88	0.96	5.64
比例/%	4.27	2.99	91.25	1.48	8.74
建设用地/km^2	32.40	6.82	5.10	59.65	44.31
比例/%	31.16	6.56	4.91	57.37	42.62
转入总量/km^2	58.14	203.20	31.57	51.10	—
比例/%	13.18	19.94	34.91	46.14	—

由表 5-11 可以看出，在 2016~2018 年间，转出量最大的土地类型是林地，转出面积为 143.45 km^2。主要转移方向为耕地。在这四个时期中，转出率最高的土地类型一直是建设用地，均在 30%~40%，主要向耕地转移。耕地主要的转移方向是林地和建设用地，分别转移了 37.51 km^2 和 36.86 km^2，占总转出量的 98.74%。水域向耕地、林地、建设用地均有转移，转出率为 31.90%。

表 5-11　大伙房水库流域 2016~2018 年各土地利用类型面积转移

2016 年	2018 年				
	耕地	林地	水域	建设用地	转出总量
耕地/km²	366. 32	37. 51	0. 94	36. 86	75. 32
比例/%	82. 95	8. 49	0. 21	8. 35	17. 05
林地/km²	133. 05	875. 11	1. 23	9. 17	143. 45
比例/%	13. 06	85. 92	0. 12	0. 90	14. 08
水域/km²	13. 31	7. 48	61. 54	8. 03	28. 82
比例/%	14. 73	8. 28	68. 10	8. 89	31. 90
建设用地/km²	47. 84	3. 97	0. 29	58. 62	52. 10
比例/%	43. 20	3. 59	0. 26	52. 94	47. 05
转入总量/km²	194. 20	48. 97	2. 46	54. 07	—
比例/%	34. 65	5. 30	3. 84	47. 98	—

综上所述,研究区内的土地利用类型转移主要以耕地、林地和建设用地为主。除 2014~2016 年外,其他阶段转出量最大的地类均为林地,主要转移方向为耕地。耕地的主要转移方向为林地和建设用地,建设用地面积呈现增长趋势,耕地为主要转入来源,反映出随着城市化的不断发展,建设用地不断扩张,占据了原有的耕地。同时,随着环保意识的不断提升和国家政策的宏观调控,退耕还林显现出了一定的成效。

3. 土地利用类型转移的空间差异

通过对研究区内各土地利用类型的空间转移情况进行统计，得到 2010 ~ 2018 年研究区土地利用类型转移的空间分布（见图 5-18）。

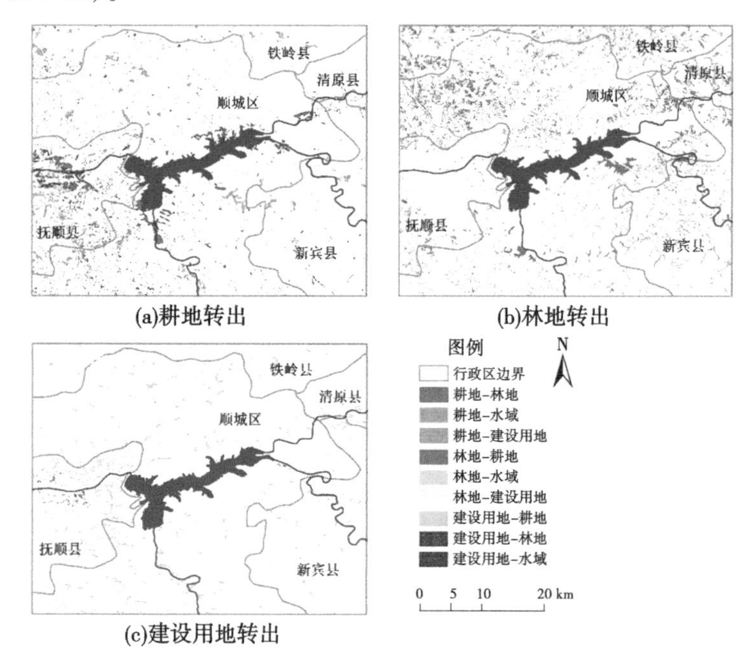

图 5-18　2010~2018 年研究区土地利用类型转移的空间分布

转出较为明显的地类是耕地和林地，在研究区内的铁岭县、清原县、新宾县、抚顺县及顺城区，均能看出耕地向林地和建设用地转移的情况，耕地向林地的转移主要发生在抚顺县北部地区。耕地向建设用地转移的情况在研究区内的各县（区）均有分布，以抚顺县为主。林地的转出也较为明显，主要转移方向是耕地，大部分分布在除抚顺县外的其他县(区)。

建设用地转出相对较少,主要向耕地转移,主要集中在抚顺县和顺城区,在铁岭县、清原县和新宾县有零星分布。

5.3　土地利用类型与叶绿素 a 浓度相关性分析

土地利用类型的变化,对地表径流、渗透、蒸发及生物化学循环等具有十分重要的影响。有大量研究表明,地表土地利用类型的变化对水质有着重要影响,间接影响着水体中叶绿素 a 的含量。因此,土地利用类型变化及其与水体中叶绿素 a 浓度之间的关系也逐渐成为本领域研究热点之一。本书研究区域大伙房水库位于辽宁省抚顺市,属于河谷型带状水库,且与城区相邻。因此,本书采用 3 000 m 缓冲区尺度对大伙房水库流域土地利用类型与大伙房水体中叶绿素 a 浓度之间的关系进行进一步分析,为水库治理及水源地水资源保护提供数据支撑。

5.3.1　缓冲区设置

根据以往的研究,对于流域界限不明显的地区一般以监测点为中心设置缓冲区,而对于流域界限明显的地区则以流域为边界在水域两侧设置带状缓冲区(Sliva L 与 Williams D D,2001)。本书结合大伙房水库边界,以 3 000 m 为范围设置缓冲区。根据土地利用类型数据,统计得到 2010 年、2012 年、2014 年、2016 年及 2018 年共五年大伙房水库流域缓冲带内各类土地利用面积数据,统计结果如表 5-12 所示。

表 5-12 缓冲区内 2010~2018 年各土地利用类型面积

单位:km^2

年份	耕地	林地	水域	建设用地
2010	150.37	318.08	68.57	51.59
2012	174.35	294.40	67.66	53.22
2014	194.71	280.94	63.70	49.99
2016	150.94	312.93	78.74	47.10
2018	170.13	309.82	62.83	46.76

5.3.2 缓冲区内土地利用类型与叶绿素 a 浓度相关性分析

5.3.2.1 相关性分析方法的选取

相关性分析是指通过对两个及两个以上的变量变化情况进行分析,从而衡量变量间相互影响关系大小的过程。其中最常用的两种方法是斯皮尔曼相关性分析和皮尔逊相关性分析(Jackson L E,2003)。通过分析发现,各土地类型与叶绿素 a 浓度均符合正态分布,故选用皮尔逊相关性分析方法计算它们之间的相关系数。相关系数的值一般在-1~1,其值越趋近-1 或 1,就表示变量间的相关性越强,相关系数为正时表明变量间呈正相关,反之呈负相关。

5.3.2.2 缓冲区内土地利用类型与叶绿素 a 浓度相关性分析

对缓冲区内的各类土地利用类型与库区水体中叶绿素 a 浓度的相关性进行计算,结果见表 5-13。

表 5-13　大伙房水库流域土地利用类型与年均叶绿素 a 浓度相关系数

相关系数	耕地	林地	水域	建设用地	叶绿素 a
耕地	1				
林地	-0.945*	1			
水域	-0.688	0.458	1		
建设用地	0.169	-0.316	-0.199	1	
叶绿素 a	0.882*	-0.885*	-0.575	0.306	1

注： * 表示在 0.05 水平显著相关。

由表 5-13 可以看出，耕地面积与库区内的叶绿素 a 浓度呈显著正相关，林地面积与叶绿素 a 浓度呈显著负相关。林地、水域及建设用地与叶绿素 a 浓度相关性较复杂，未表现出明显的正相关或负相关。有大量研究表明，农药和化肥的大量使用是造成水体面源污染的主要原因之一。农药和化肥中的氮、磷等元素随雨水和径流进入河流，通过河流汇入大伙房水库，随着耕地面积的增加，污染物浓度也逐渐增加，引起水中藻类大量繁殖，最终导致水体中叶绿素 a 含量升高。据有关资料显示，我国化肥的有效使用量仅占总量的 30%，剩余的 70% 大部分通过空气和径流流失，最终进入各类水体，造成水体富营养化。随着林地面积增加，水体中的叶绿素 a 含量下降，林地对地表径流具有减少作用，同时，能够对污染物进行吸附，有效减少污染物在水体中的富集效应，从而抑制水体中藻类的繁殖，最终导致叶绿素 a 含量下降。

第 6 章 研究前景及展望

6.1 数据源

近年来,辽宁省内大面积集中水域水体富营养化现象时有发生,水域“水华”现象显著。水质遥感的本质是通过遥感影像数据反演湖库水体的水色参数含量,这门新兴技术能大范围、周期性地对水质进行监测,具有传统水质监测方法所不可替代的优点。应用遥感技术可以有效地监测表面水质参数空间和时间上的变化状况,发现一些常规方法难以揭示的污染源和污染物迁移特征,遥感技术监测面积广、成本低、动态性强的优点为实现集中水域现代化的水质监测提供了重要支撑,可在水质监测中发挥重要作用。

目前,辽宁省大面积集中水域水质遥感监测的数据源主要通过环境卫星影像数据及 Landsat8 卫星 OLI 遥感影像数据来获取。还可用高分一号、高分二号、QuickBird、GeoEye-1、Worldview 等遥感影像数据,以便获得精确的地物反射率。

6.2 研究展望

近年来,水生态健康受到高度重视。生态环境部在 2019 年启动了重点流域“十四五”规划编制工作,印发了《重点流域水生态环境保护“十四五”规划编制技术大纲》,将重点流域规划名称由“水污染防治”调整为“水生态环境保护”,体现了新时期流域生态环境保护工作的新要求。利用遥感技术监测内陆水体的水质状况为水生态环境保护提供了新思路和新方法,不仅节省了大量人力、物力和财力,同时帮助了环境保护部门高效掌握和监管水生态环境的实时状况。目前,基于遥感的内陆水体水质监测研究仍有需要补充和加强的地方,未来应重点关注以下几个方面:

(1)深入采用更多的新型遥感数据,融合多种遥感源以实现不同时空尺度下的水质反演。

(2)未来应充分结合微波遥感与可见光或红外数据,加强高光谱技术在内陆水体水质遥感监测中的应用,发展专门针对内陆水体(如湖泊、水库等)水质遥感监测的传感器。

(3)生物-光学模型是建立在光学传输物理过程之上的通用模型,未来应深入研究水质参数的内在光学特性与表面反射率或离水辐亮度之间的理论关系,将生物-光学模型和经验法、半经验法、机器学习模型等相结合,发展没有时间和空间特殊性的反演模型。

(4)深入研究水体中不同组分的光谱特征及其差异,发现各水质参数的光谱响应曲线特征,了解不同水质参数之间光谱相互影响的规律,同时扩大水质参数的监测种类,增加非光敏参数的可行性分析和定量遥感监测,建立不同水质参数的光谱特征数据库。

(5)内陆水体大气校正算法应区分大气和水体物质对传感器总信息贡献的解耦方法,考虑水域上空不同类型气溶胶潜在的复杂混合,同时减少或消除水面反射光的干扰。未来应加强对水体光谱特性和机制模型的研究,发展针对内陆水体水质遥感的精确大气校正模型。

(6)内陆水体的水质遥感监测应先通过水体分类构建不同时空尺度下的反演模型,再逐步扩大研究区域和研究对象,获得精度高和应用广的统一模型,最终形成一套完整的内陆水体遥感监测体系,为未来的水质遥感监测奠定坚实的基础。

参考文献

曹晓峰,2012. 基于 HJ-1A/1B 影像的滇池水质遥感监测研究[D]. 陕西:西安科技大学.

蒋金雄,2009. 内陆水体水质遥感监测[D]. 北京:北京交通大学.

李京,1986. 水域悬浮固体含量的遥感定量研究[J]. 环境科学学报, 6(2):166-173.

李素菊,王学军,2002. 内陆水体水质指标光谱特征与定量遥感[J]. 地理学与国土研究,18(2):26-30.

王云霞,2017. 基于 Landsat8 的清河水库水质反演研究[D]. 沈阳:沈阳农业大学.

刘建东,卢广平,2003. 抚顺市水体污染卫星遥感监测初探[J]. 辽宁城乡环境科技,23(3):55-56.

刘延龙,张保华,姚昕,等,2018. 东平湖水体透明度的遥感反演研究[J]. 测绘科学,43(7):72-78.

吕美婷,2014. 基于中分辨率影像的小型河流水体透明度遥感监测[D]. 江苏:南京大学.

马建行,宋开山,邵田田,等,2016. 基于 HJ-CCD 和 MODIS 的吉林省中西部湖泊透明度反演对比[J]. 湖泊科学,28(3):661-668.

马蕾,2010. 基于半监督学习的渭河水质定量遥感研究[D]. 陕西:陕西师范大学.

毛玉婷,2014. 基于遥感技术的湖泊水质监测研究[J]. 科技传播,6 (22):158,131.

庞博,2010. 内陆湖泊水质参数反演及富营养化评价[D]. 四川:电子科技大学.

乔平林,张继贤,林宗坚,2003. 石羊河流域水质环境遥感监测评价研究[J]. 国土资源遥感,4(4): 39-45.

任春涛,2007. 基于遥感监测的湖泊富营养化状态的模糊模式识别研究[D]. 内蒙古:内蒙古农业大学.

宋开山,段洪涛,张柏,等,2006. 利用查干湖的高光谱数据建立透明度反演模型[J]. 干旱区资源与环境,20(1):156-160.

段洪涛,张柏,宋开山,等,2005. 长春市南湖富营养化高光谱遥感监测模型[J]. 湖泊科学,17(3):282-288.

宋瑜,宋晓东,江洪,等,2010. 基于定量遥感反演的内陆水体藻类监测[J]. 光谱学与光谱分析,30(4):1075-1079.

宋月君,杨洁,吴胜军,等,2009. 武汉市主要供水源地高锰酸盐指数反演分析[J]. 水资源与水工程学报,20(4):51-57.

田野,郭子祺,乔彦超,等,2015. 基于遥感的官厅水库水质监测研究[J]. 生态学报,35(7):2217-2226.

童小华,谢欢,仇雁翎,2006. 黄浦江上游水域的多光谱遥感水质监测与反演模型[J]. 武汉大学学报信息科学版,31(10):851-854.

王爱华,2008. 农区水体水质参数的遥感模型研究[D]. 江苏:南京农业大学.

王爱华,史学军,杨春和,等,2009. 基于CBERS数据的农区水体透明度遥感模型研究[J]. 遥感技术与应用,24(2):172-179.

王得玉,冯学智,2005. 基于TM影像的钱塘江入海口水体透明度的时空变化分析[J]. 江西师范大学(自然科学版),29(2):185-189.

王定成,方廷健,高理富,等,2003. 支持向量机回归在线建模及应用[J]. 控制与决策(1):89-91,95.

王皓,2012. 基于HJ-1星数据的大洋河河口水域水质参数反演研究[D]. 辽宁:辽宁师范大学.

王建平,程声通,贾海峰,等,2003. 用TM影像进行湖泊水色反演研究的人工神经网络模型[J]. 环境科学,24(2):73-76.

何同弟,李见为,黄鸿,2010. 基于GA优选参数的SVR水质参数遥感反演方法[J]. 光电工程,37(8):127-133.

江辉,2011. 基于多源遥感的鄱阳湖水质参数反演与分析[D]. 南昌:南昌大学.

靳兴浩,王超,袁占良,2021. 基于遥感的水库水质监测方法研究[J]. 河南科技,40(11):43-46.

季永兴,韩非非,施震余,2021. 长三角一体化示范区水生态环境治理思考[J]. 水资源保护,37(1):103-109.

汪雨豪,李家国,汪洁,等,2020. 基于 GF-2 影像的苏州市区水质遥感监测[J]. 科学技术与工程,20(14):5875-5885.

周方方,2011. 水库水体叶绿素 a 光学性质及浓度遥感反演模式研究[D]. 杭州:浙江大学.

邹国锋,刘耀林,纪伟涛,2007. 基于 TM 影像的水体透明度反演模型——以鄱阳湖国家自然保护区为例[J]. 湖泊科学,19 (3):235-240.

赵碧云,贺彬,朱云燕,等,2001. 滇池水体中总悬浮物含量的遥感定量模型[J]. 环境科学与技术(2): 16-18.

赵旭阳,刘征,贺军,等,2007. 黄壁庄水库水质参数遥感反演研究[J]. 地理与地理信息科学,23(6):46-49.

尹球,2005. 湖泊水质卫星遥感方法及其应用[J]. 红外与毫米波学报,24(3):198-202.

于小淋,2013. 基于 GOCI 的渤黄海悬浮物浓度遥感反演及缺失数据填补研究[D]. 北京:中国海洋大学.

余丰宁,李旭立,蔡启铭,等,1996. 水体叶绿素含量的遥感定量模型[J]. 湖泊科学,8(3):201-207.

禹定峰,邢前国,施平,2013. 四十里湾透明度的遥感估测模型研究[J]. 海洋环境科学,32(1):79-82.

徐良将,黄昌春,李云梅,等,2013. 基于高光谱遥感反射率的总氮总磷的反演[J]. 遥感技术与应用,28(4):681-688.

解启蒙,2018. 清河水库高锰酸盐指数与透明度反演研究[D]. 沈阳:沈阳农业大学.

王学军,马廷,2000. 应用遥感技术监测和评价太湖水质状况[J]. 环境科学,21(6):65-68.

施坤,李云梅,刘忠华,等,2011. 基于半分析方法的内陆湖泊水体总悬浮物浓度遥感估算研究[J]. 环境科学,32(6),1571-1580.

潘邦龙,易维宁,王先华,等,2012. 湖泊水体高光谱遥感反演总磷的地统计算法设计[J]. 红外与激光工程, 41(5):1255-1260.

刘瑶,江辉,2013. 鄱阳湖表层水体总磷含量遥感反演及其时空特征分析[J]. 自然资源学报,28(12):2169 -2177.

刘大召,付东洋,丁又专,2013. 粤西海域总氮遥感反演初探[J]. 广东海洋大学学报,33(1):68-71.

李东田,1989. 遥感在东太湖水环境研究中的应用[J]. 国土资源遥感(2):8-12.

龚绍琦,黄家柱,李云梅,等,2008. 水体氮磷高光谱遥感实验研究初探[J]. 光谱学与光谱分析,28(4):839-842.

张凤丽,杨锋杰,万余庆,2002. 水体污染物与反射波谱的相关性分析[J]. 中国给水排水,18(8):81-83.

杨洁,2016. 初探某水库水质指标在丰水期与枯水期的显著性差异及主要影响指标和成因[J/OL]. 城镇供水(4):18-22. DOI:10. 14143/j. cnki. ogs. 2016. 04. 004.

高阳俊,曹勇,赵振,等,2011. 基于叶绿素 a 分级的东部湖区富营养化标准研究[J]. 环境科学与技术,34(52):218-220.

朱会义,李秀彬,向书金,等,2001. 环渤海地区土地利用的时空变化分析[J]. 地理学报(3):253-260.

唐舟进,彭涛,王文博,2014. 一种基于相关分析的局域最小二乘支持向量机小尺度网络流量预测算法[J]. 物理学报,63(13):57-66.

李大中. 杨育刚,李秀芬,等,2014. 基于能量预测的光伏微网储能系统控制策略[J/OL]. 可再生能源,32(12):1771-1775. DOI:10. 13941/j. cnki. 21-1469/tk. 2014. 12. 001.

宋志宇,李俊杰,2006. 最小二乘支持向量机在大坝变形预测中的应用[J]. 水电能源科学(6):49-52,115-116.

房平,邵瑞华,司全印,等,2001. 最小二乘支持向量机应用于西安霸河口水质预测[J]. 系统工程,29(6):113-117.

Bukata,Robert P,Jerome John H,et al,1995. Optical Properties and Remote Sensing of Inland and Coastal Water[M]. NewYork :CRC Press. 362.

David doxaran,Jean-Mar ie Froidefond, Samantha Lavender, et al. ,2002. Spectral signature of highly turbidwaters: Application with SPOT data to quantify suspended particulate matterconcentrations[J]. Remote Sensing of Environment, 81(1):149-161.

Donald C, Strombeck N,2001. Estimation of radiance reflectance and the concentrations of optically active substances in Lake Malaren, Sweden, based on direct and inverse solutions of a simple model[J]. The Science of the Total Environment(268): 171-188.

Duan Hongtao, 2009. Remote-sensing assessment of regional inland lake water clarity in northeast China[J]. Limnology,10(2):135-141.

Fraser R N, 1998. Hyperspectral remote sensing of turbidity and chlorophyll a among Nebraska Sand Hills lakes[J]. INT. J. Remote Sensing, 19(8):1579-1589.

Lucie Sliva, Dudley Vvilliams D, 2001. Buffer zone versus whole catchment approaches to studying land use impact of river water. Quality[J]. Water Research a Journal of the International Water Association,35(14).

Martin Burger, Louise E Jackson, 2003. Microbial immobilization of ammonium and nitrate in relation to ammonification and nitrification rates in organic and conventional cropping system[J]. Soil Biology and Biochemistry,35(1).